多场耦合作用下西南地区
煤层开采覆岩破坏突水机理与
矿井涌水量预测技术

Mechanism of Water Inrush from Overlying Strata Failure and
Mine Water Inflow Prediction Technology in Coal Seam Mining in
Southwest China under Multi-Field Coupling Effects

李 博 著

重庆大学出版社

内容提要

本书针对西南地区煤层开采导致顶板覆岩破坏引起的岩溶含水层突水问题,基于相似物理模型试验和多场耦合数值模拟手段,分析了煤层开采过程中上覆岩层的应力、位移、孔隙水压力、电导率的变化规律,揭示了覆岩变形破坏特征及导水通道形成机制。提出了考虑覆岩"两带"发育高度的矿井涌水量预测方法,建立了基于加权多元非线性回归的矿井涌水量预测模型和长短期记忆神经网络矿井涌水量预测模型,并分析总结了各涌水量预测方法的优缺点。

本书可作为从事矿山水文地质勘探的工程技术人员和科研人员,以及地质工程、水文水资源工程、矿业工程等相关专业本科生、研究生、教师的参考书。

图书在版编目(CIP)数据

多场耦合作用下西南地区煤层开采覆岩破坏突水机理
与矿井涌水量预测技术 / 李博著. -- 重庆 : 重庆大学
出版社, 2025. 5. -- ISBN 978-7-5689-5071-8
Ⅰ. TD742
中国国家版本馆 CIP 数据核字第 2025FB7915 号

多场耦合作用下西南地区煤层开采覆岩破坏突水机理与矿井涌水量预测技术
DUOCHANG OUHE ZUOYONG XIA XINAN DIQU MEICENG KAICAI FUYAN POHUAI
TUSHUI JILI YU KUANGJING YONGSHUILIANG YUCE JISHU

李 博 著
策划编辑:范 琪

责任编辑:张红梅   版式设计:范 琪
责任校对:刘志刚   责任印制:张 策

*

重庆大学出版社出版发行
出版人:陈晓阳
社址:重庆市沙坪坝区大学城西路 21 号
邮编:401331
电话:(023)88617190   88617185(中小学)
传真:(023)88617186   88617166
网址:http://www.cqup.com.cn
邮箱:fxk@ cqup. com. cn(营销中心)
全国新华书店经销
重庆升光电力印务有限公司印刷

*

开本:720mm×1020mm   1/16   印张:12.25   字数:176 千
2025 年 5 月第 1 版   2025 年 5 月第 1 次印刷
ISBN 978-7-5689-5071-8   定价:88.00 元

作者简介

李博,教授、博士生导师,贵州省优秀青年科技人才、贵州省"千"层次创新型人才、贵州省青年科技奖获得者。以第一作者或通讯作者发表 SCI 和 EI 论文 60 余篇,获得专利、实用新型专利、软件著作权 20 余项;主持国家自然科学基金、贵州省科技厅项目、贵州省教育厅项目等纵向科研课题 10 余项;获得中国安全生产协会安全科学技术奖一等奖、绿色矿山科学技术奖一等奖、河南省科学技术进步奖二等奖、中国煤炭工业科学技术奖二等奖、贵州省科学技术进步奖三等奖等省部级科技奖励 10 余项。

本书得到以下项目资助

1. 国家自然科学基金面上项目"深部磷矿巷道爆破开挖裂隙围岩损伤破坏顶板突水机理与预报判据研究"(项目编号:42472328);

2. 国家自然科学基金地区科学基金项目"多场耦合作用下覆岩破坏岩溶管道突水机理及预警信息识别"(项目编号:42162022);

3. "贵州省矿井水害防治科技创新人才团队建设"(项目编号:黔科合人才CXTD[2025]059);

4. 贵州省科技成果应用及产业化(联合基金)"贵州地区矿山深部开采岩溶含水层突水灾害防控关键技术集成与应用"(项目编号:黔科合成果-LH[2024]重大019);

5. 贵州省优秀青年科技人才项目"西南喀斯特地区矿井水害防治理论与技术"(项目编号:黔科合平台人才[2021]5626号);

6. 贵州省科技重大计划项目"贵州煤矿重大灾害综合防治关键技术研究与示范"(项目编号:黔科合重大专项字[2024]029);

7. 贵州省高层次人才培养计划(十层次)"土壤与地下水环境污染过程、控制与修复"(项目编号:黔科合平台人才-GCC[2023]045);

8. 水文与水资源工程省级一流专业建设点经费资助。

前　言

我国是煤炭储量和开采量均位居世界前列国家,其中煤炭开采量长期占据世界首位。煤炭工业在国民经济的发展中占有重要的地位。然而我国煤田水文地质条件极其复杂,煤炭开采过程中受到多种形式的水害威胁,严重制约了我国煤炭安全开采。

贵州省煤炭资源储量位居全国第五,约占西南地区煤炭储量的 60% ~ 65%,享有"西南煤海"的美誉,在推动贵州经济发展中扮演着重要的角色。此外,贵州省位于世界上最大的连片裸露碳酸盐岩分布区中心,岩溶面积约占全省面积的 62%,属于平原向高原过渡的斜坡地段,地质构造运动强烈,地形起伏较大,水循环和水交替速度快,地下水侵蚀能力强,往往在碳酸盐岩的裂隙发育带或断层带进行优先溶蚀,并发展为集中径流,形成暗河管道,这些暗河管道广泛分布于贵州煤田二叠系煤层顶板的吴家坪组、长兴组、夜郎组玉龙山段等地层。贵州煤矿的单井规模小,水文地质勘探程度普遍偏低,往往难以查明矿区复杂的岩溶地下水系统,煤层开采产生的应力重新分布将不可避免地造成上覆岩层破坏,一旦覆岩破坏区分布有未查明的充水型暗河管道,就极易发生突水灾害,尤其是贵州省海相沉积作用所形成的煤田,这类煤田的煤系地层岩性以灰岩为主,且煤系地层灰岩与上覆长兴组灰岩之间没有隔水层存在,共同组成了以暗河管道水为主的厚层岩溶含水层,给矿山安全开采带来了严重的威胁。煤层开采覆岩破坏顶板突水是应力场、渗流场和位移场共同作用下的灾害现象,具有隐蔽性高、水量来势猛的特点。开展与之相关的矿井突水机理与防治技术研究,可以为贵州省乃至西南地区的煤矿水害防治工作提供科学依据,具有重要的理论意义和工程价值。

本书在前人研究工作的基础上,多种手段相结合,综合考虑多方面因素,系统收集了典型矿区的水文地质资料,开展了顶板岩溶管道突水机理与涌水量预测技术的研究工作,以期为西南岩溶地区矿井水害防治工作提供帮助。

在本书有关资料的收集与现场调研过程中,山东能源集团建工集团有限公司地矿建设分公司、贵州安晟能源有限公司、贵州黔西能源开发有限公司、山东能源集团贵州矿业有限公司大方县绿塘乡绿塘煤矿给予了大力支持和热情帮助。在此,向他们表示衷心感谢。

在本书的撰写过程中,研究生张文杰、吴煌参与了研究工作。研究生杜怡丹参与了本书的整理和校正工作。在此,向他们表示感谢。

由于作者水平有限,书中难免存在错误和不当之处,敬请读者批评指正。

著　者

2025 年 1 月于贵阳

目　录

第1章 绪 论

1.1 研究意义

煤炭是地球上蕴藏量最丰富、分布地域最广的化石燃料,是我国不可缺少的重要能源,且在能源结构中占有重要地位,经济的蓬勃发展对煤炭需求量日益增加。国家统计局公布的《中国统计年鉴 2024》显示,原煤占一次能源生产总量的 66.6%,煤炭消费量占能源消费总量的 55.3%。煤炭资源的勘查、开发和保障程度关系到国家的经济命脉和能源安全。中国拥有巨大的煤炭储量,分布范围广泛,种类齐全,煤炭资源分布相对集中在华北、西北、西南地区。贵州省煤炭资源储量位居全国第五,资源储量丰富,煤炭种类丰富,享有"西南煤海"的美誉,约占西南地区煤炭储量的 60% ~65%,在推动贵州省经济发展中扮演着重要的角色,在贵州省近年产业规划中,煤炭已被列为"十大支柱产业"之一。然而,随着煤矿开采深度的不断增加,煤矿企业面临着自身管理存在弊端、安全投入成本高、人才匮乏等问题,再加上煤层赋存条件极其复杂且地质构造多样,煤矿时常地发生安全事故,不仅造成经济损失,还严重威胁工人的生命安全。

在煤矿开采过程中,煤矿水害是影响煤矿正常生产的主要原因之一。2000—2024 年全国发生约 29 920 起煤矿事故,死亡人数约 63 096 人,其中水害事故 1 212 起,死亡人数约 5 034 人。在所有煤矿水害事故中,顶板突水一直是煤矿水害研究的热点。煤层开采顶板突水机理复杂多样,且具有突发性、水量大、难探查、难治理等特点。随着煤矿开采深度的加深,开采扰动引起的顶板突水危害也不断加大。此外,西南地区喀斯特地貌比较发育,顶板发育有岩溶含水层,其富水性在空间分布上具有各向异性与不均一性;同时,顶板还发育有充水型岩溶管道且极不均衡。在煤层开采的过程中,上覆岩层失稳破坏导水裂隙带,一旦发育至强富水的岩溶管道,就极易导致矿井突水,严重威胁西南地区煤矿的安全生产。本书以青龙煤矿正开采的 21606 工作面为依托,基于地质条件、水文地质条件以及开采工艺,开展相似物理模型试验和多场耦合数值模拟,同时采用控制变量法深入研究岩溶管道自身因素对岩溶管道突水的影响,分析煤层开采顶板覆岩破坏导致岩溶管道突水过程中上覆岩体的竖向应力、竖向位移、孔隙水压、电导率变化和岩溶管道突水的流体渗流变化,研究煤层开采岩溶管道突水多场耦合演变特征,提取煤层开采覆岩破坏导致岩溶管道突水前的关键异常信息,为西南地区煤层开采岩溶管道突水研究提供相关的科学理论依据,对降低西南岩溶地区煤矿突水事故发生率、保障煤炭产业的可持续发展具有重大的实际意义。

煤层开采过程中频发的顶板水害也是严重约束矿井正常开采的主要原因之一。据不完全统计,20 世纪以来,贵州省煤矿发生水害事故 195 起,造成 657 人死亡。矿井建设与煤层开采过程中,上覆岩层原有应力分布状态发生改变,覆岩内发生应力重分布,受顶板岩性组合特征、岩层厚度及岩层物理力学性质等因素影响,覆岩会发生断裂、垮落、弯曲和下沉等现象,当垮落带及裂隙带高度导通顶板强富水性含水层时,会造成工作面涌水量增大,严重威胁煤矿的安全生产。矿井涌水量与大气降水、充水含水层性质、地质构造、地层结构、煤层开采工艺等密切相关,随着开采深度的不断加大,矿井开采条件复杂程度经常超出经验范畴。矿井涌水发生的机理也与采掘工程的进展相关,是随着采掘工程的变化量而并非静态量发展的。矿井涌水量大小威胁着矿井的安全生产,影响着疏排水方案及防治水措施的制定,同时还对矿区周围的水资源及水环境造成一定影响。因此,更加准确地预测矿井开采时的涌水量,可以为矿井安全生产、矿区水资源保护及排水能力设计提供技术指导依据,具有极其重要的意义。黔北地区主要含煤地层为二叠系龙潭组,目前投入生产的绿塘煤矿、小屯煤矿、金沙龙凤煤矿、纳雍五轮山煤矿、黔西青龙煤矿等矿井正在开采龙潭组上组煤层。在多数煤层开采工作面上,"两带"高度到达了顶板长兴组承压含水层,长兴组作为岩溶裂隙含水层,其富水性较强,对矿井安全生产构成了极大威胁。本书以相关理论知识为基础,参照相关规范手册,对黔北地区绿塘煤矿现有资料进行收集、整理,分析了现有开采工作面煤层赋存的矿山水文地质条件及地层结构特征;基于相似理论,研究了原岩与其相似材料之间尺寸、容重、强度相似关系;以细河砂、滑石粉、重晶石粉、水泥、石膏、氯化石蜡、硅油、硼砂等为原材料,通过设计正交试验,测定了相似材料物理力学参数,从而确定原岩相似材料配比方案。本书搭建了黔北地区煤层开采物理模型,并利用 3DEC 构建与物理模型相对应的数值模型,分析煤层开采过程覆岩形态动态变化特征、定量表征位移及应力时空演化情况,总结覆岩变形破坏特征规律。根据煤层开采工作面"两带"发育高度差异进行分区研究,本书建立了研究区地下水数值模型,对矿井计划开采工作面矿井涌水量进行动态预测;同时,构建了矿井涌水量预测的加权多元非线性回归模型和长短期记忆神经网络模型,将多种模型预测结果进行对比分析,总结了各预测模型适用性,为绿塘煤矿安全生产、疏排水系统设计及提高经济效益提供科学理论依据。

1.2　国内外研究现状

1.2.1　煤层开采覆岩破坏研究现状

煤层开采会导致覆岩发生破坏,主要表现为覆岩下沉、岩石的破碎和围岩裂缝的形成等。覆岩破坏不仅影响煤炭的正常开采,还会引发地面沉降、水害等地质灾害。因此,对煤层开采覆岩破坏的研究具有重要的理论意义和实践价值。

国外学者关于煤层开采覆岩变形破坏特征,形成了如压力拱理论、悬臂梁理论、预成裂隙理论、铰接岩块理论、弹性基础梁模型等经典理论,奠定了研究基础。国内学者钱鸣高等人通过对煤层采动围岩应力进行分析,得出岩块由于裂隙带的存在导致相互间咬合而形成一个个完整的砌体,提出了砌体梁理论;宋振骐院士认为岩体在煤层采动过程中,岩体之间都在持续不断地进行着力的传递,提出了传递岩梁理论;钱鸣高等人深入研究采煤作用下岩层发生变形破坏规律,将起决定性作用的那部分岩层称为关键层,从而提出了关键层理论;刘天泉通过分析煤层采动覆岩破坏特征形态,将覆岩由下至上分为垮落带、裂隙带、弯曲下沉带,提出了"上三带"模型;高延法进一步将煤层采动覆岩破坏形态细分为破裂带、离层带、弯曲带、松散冲积层带,提出了"上四带"模型;黄庆享等人通过分析煤层采动过程中顶板来压周期,判断覆岩结构稳定性,提出了"短砌体梁"和"台阶岩梁"模型。

随着煤层采动,顶板岩层由于采空区的影响会在不同区域形成分带,为了确定煤层开采后覆岩破坏高度,众多学者对此进行了大量研究。中国、俄罗斯等国家在矿井水害防治规范中对导水裂隙带高度(简称"导高")提出了明确要求,英国、日本等国家的相关标准也间接涉及了导高控制。目前,确定导水裂隙带发育高度的方法主要有现场实测法、试验模拟法、理论计算法等。

1)现场实测法

现场实测法是最直接、可靠的方法,包括地面钻孔法、井下钻孔法、钻孔电视法、物理探测法等,相关学者采用不同方法取得了较好的覆岩破坏高度实测结果。黄万朋等人通过双端堵水观测法获得导高实测值,并建立覆岩岩性组合与运动特征的导水裂隙带预测模型,将预测结果与实际相比较,验证模型的合理性。Wang 等人通过地面钻孔获得实测导高数据,并建立基于应力变化的导水裂隙带确认方法,将其应用于煤矿工作面的实际研究,验证了模型的准确性。

2）试验模拟法

试验模拟法包括数值模拟与物理模拟两种方法，通常使用的数值模拟软件包括 FLAC3D、UDEC、3DEC、ANSYS、RFPA 等。李学良通过 FLAC3D 建立研究区三维地质模型，分析煤层开采覆岩变形破坏特征，确定导水裂隙带高度，并与理论计算结果进行分析。Fan 等人利用 RFPA 构建研究区数值模型，对煤层开采过程中覆岩裂隙扩张范围进行动态演示，将导高与实测值进行分析研究，并对导高发育的主要因素进行试验分析。相关学者探索了相似模拟结果的定量研究，并取得了丰硕成果。张平松等人根据实际研究区地质背景，在相似材料中布设电极，观测煤层在推进过程中的上覆岩层电阻率变化，根据上覆岩层中的电阻率变化确定覆岩破坏高度，并与实际情况相互验证。Ren 等人通过分析研究区地质背景，搭建物理模型和数值模型，分析煤层采动过程中的破坏特征，总结覆岩破坏规律，将模拟结果导水裂隙带高度与理论计算结果进行对比分析，从而为相同地质背景下的矿井开采提供参考。

3）理论计算法

理论计算法一般通过分析采动覆岩变形、破坏的机理，用公式表达出覆岩破坏高度与其影响因素之间的数学关系或力学关系。刘天泉针对煤层开采覆岩变形规律开展系统性研究，揭示了覆岩形态特征与其赋存地质背景及开采条件之间的密切联系，并基于我国华北二叠纪煤炭开采导高实测数据，给出了导水裂隙带高度的理论计算公式。黄乐亭将原来《建筑物、水体、铁路及主要井巷煤柱留设与压煤开采规程》中以煤层采厚为唯一"两带"计算变量，升级为以煤层采厚和覆岩单轴抗压强度为"两带"高度计算的共同指标，并根据不同岩性强度区分其理论计算公式，此公式沿用至今。

尽管国内外学者在煤层开采覆岩破坏领域的研究取得了一系列的成果，但仍面临着一些挑战，需要进一步探讨。首先，目前的研究只是定性描述覆岩破坏，缺乏定量的分析方法和技术手段。其次，目前的研究主要集中于单一因素对顶板覆岩破坏的影响,较少研究多种因素共同作用对顶板覆岩破坏的影响。本书以青龙煤矿21606工作面的地层岩性及力学参数为研究背景,考虑岩溶管道水压与开采扰动两个因素对顶板覆岩破坏的影响,开展煤层开采流固耦合物理模型试验,并结合COMSOL数值模拟定量分析覆岩破坏特征,其成果为煤矿的安全生产提供了重要的理论支持。上述研究方法对研究煤层采动覆岩破坏特征及确定"两带"高度起着重要的指导作用,但适用性均有待提高,在不同的地质背景下,同一种研究方法的结果可能不尽如人意。因此,分析典型地区地质背景,通过现场实测、物理模拟、数值模拟及理论计算等研究方法相互验证,可有效提高计算结果的可信度与准确性,研究结果也更加符合真实情况。

1.2.2 煤层顶板突水机理研究现状

在煤层开采过程中,煤层顶板突水是一种常见的地质灾害,其发生往往给矿工生命安全和煤矿安全生产带来重大威胁。近年来,随着煤矿开采深度的增加、煤层开采技术要求的不断提高,以及对深部的地质条件、水文地质条件认识的不足,顶板突水问题越来越突出。因此,对顶板突水机理进行深入研究具有重要意义。

国外学者在煤层顶板突水机理研究方面起步较早。例如,Sammarco等人在矿井水害研究中首次提出监测瓦斯浓度与水位的异常变化可以提前预测矿井突水。Kusser详细分析了Kotredez煤矿突水过程中的水文地质动态变化,为突水预报提供了参考。Press和Barfield等人应用渗流微分公式推导验证了Theis方程,并解释了贮水系数,还提出了弱透水层越流的数学模型。Yeh采用数值模拟技术手段解决了煤层开采过程中的地下水问题。

近年来,国内学者基于上述煤层顶板破坏机理,在煤层顶板突水机理研究方面进行总结并提出了一系列重要的理论和方法。例如,缪协兴等人在关键层理论基础上引入隔水关键层,拓宽了国内对顶板水害方面的认识。茅献彪等人、许家林等人和刘开云等人提出了关键层位置的判别方法,用于研究关键层的复合效应与断裂规律。侯忠杰等人和张少春等人通过固液耦合模型试验对浅层煤突水机理进行了研究。武强等人提出了"三图-双预测法"来定量预测评价煤层顶板突水危险性。

尽管煤层顶板突水机理研究已经取得了一定成果,但仍存在一些问题需要进一步研究。目前的研究主要集中在宏观层面,对微观机制了解不足;而且,不同地质条件下的煤层顶板突水机理存在差异。本书将岩溶管道突水流固耦合物理模型试验与多场耦合数值模拟相结合,研究岩溶地区煤矿开采引起的顶板岩溶管道突水过程,分析突水前后的位移、应力、孔隙水压、电导率等变化,提取突水前的异常信息,为西南岩溶地区煤矿开采提供重要的参考依据。

1.2.3 岩溶管道突水研究现状

岩溶管道突水是岩溶地质条件下地下工程施工过程中一种常见的地质灾害,其发生往往伴随着严重的安全事故和经济损失。

国外对岩溶发育与岩溶水的研究起步较早。例如,Carpenter 和 Paylor 分别采用 HRCT 方法和 GIS 技术研究了灰岩岩溶的发育特征。White 和 Shuster 等人提出了岩溶水双重介质模型,将岩溶水介质分为管道流和扩散流。Quinlan 等人和 Atkioson 研究了岩溶地下水的介质特征,提出了岩溶水的三重介质模型。2008 年,美国地质勘探局为了描述整体岩溶含水系统的水流与介质,研制推出管道流程序所建立的参数模型。Quinlan 研究了岩溶地下水对地下工程施工的不利影响。

国内对岩溶水的研究相对较晚,其方法包括水文地质比拟、解析法、水均衡分析等。学者们通过示踪试验、瞬变电磁法、电磁波法确定地下岩溶管道的位置和形态。近年来,随着科技的不断进步以及数学的快速发展,学者们又应用数值模拟手段研究了隧道开挖岩溶管道突水。部分学者应用物理模型试验和数值模拟手段相结合对隧道开挖岩溶管道突水进行了研究。例如,司南采用模型试验研究了拱顶存在隐伏溶洞时,水压力对大坪隧道结构的安全性影响;并应用FLAC3D模拟验证和补充了模型试验。路为采用大比尺模型试验与数值仿真相结合研究了隧道开挖推进诱发溶洞突水的多元信息的演化规律,并提取了溶洞突水的临突特征。张为社研发设计了复杂岩溶地质条件的模型试验,用于研究溶洞水压和开挖扰动共同作用下深长隧洞的防突岩体破坏、突水致灾演化机理与突水临灾判据,并采用MATLAB软件对MatDEM矩阵离散元软件进行再次开发以验证试验的有效性。随着国内岩溶地区煤矿资源的开发和开采深度的增加,岩溶管道突水问题日益突出,引起相关学者的重视。杨耀文等人采用FLAC3D软件模拟了煤层带压开采诱发煤层底板岩溶溶洞突水机理,分析了围岩的塑性破坏与应力演变规律。李博和刘子捷构建了煤层底板富水承压溶洞突水力学模型,运用弹性力学理论与突变理论相结合,解析力学模型,从而推导出突水的力学判据。焦阳和白海波将COMSOL Multiphysics软件的模拟结果与工程实例进行对比分析,研究了华北煤田底板含隐伏溶洞的滞后突水机理。

上述研究主要针对隧道开挖引起岩溶管道突水与煤层开采引起底板溶洞突水开展,但是关于煤层顶板岩溶管道突水的研究较少。此外,岩溶地质条件复杂多变,不同地区的岩溶特征和突水风险存在差异。因此,需要针对具体地区的地质条件开展研究,以提高岩溶管道突水预测的准确性。本书研制西南岩溶地区煤系地层的相似材料,并应用于煤层开采顶板岩溶管道突水物理模型试验,以填补西南岩溶地区煤层顶板岩溶管道突水方面的研究空白。同时,本书还应用COMSOL Multiphysics软件验证物理模型试验,分析了岩溶管道自身因素对突水的影响,从而全面地揭示煤层开采引起顶板覆岩破坏导致岩溶管道突水的多场灾变演变规律。

1.2.4 矿井涌水量研究现状

目前,国外矿山水文地质评价条目更详细,矿井水害预测时数据分析更详细,参数精度更高,通常选用非稳定流解析法,考虑井筒排水时地下水的不稳定状态,同时对开挖时裸露段高度及裸露时间进行重点研究。关于矿井涌水量的预测,根据所建立模型的确定性和不确定性主要分为两大类,第一类为确定性数学模型:依据井田各类详细资料和可以信赖的水文地质参数建立的模型,分为解析法、数值法、水均衡法等;第二类为非确定性统计学方法:依据相邻井田或井田本身开采多年积累的水文地质资料建立的模型,分为水文地质比拟法、回归分析、灰色系统理论、时间序列、神经网络算法等。

1)确定性数学模型

解析法是基于现有的各类矿井巷道与工作面,通过达西定律推导,形成稳定流或者非稳定流矿井涌水量预测公式。王丽等人采用解析法中的大井法对矿井涌水量进行动态预测。Zhang 等人通过大井法对底板矿井涌水量进行预测,同时采用类比法与数值模拟法对预测结果进行对比分析,提高了矿井涌水量预测结果的准确性。

数值法是先将原本复杂、难以计算的水文地质条件进行符合实际情况的概化,再在借助相关软件的基础上,模拟真实的地下水流状态,以达到预测未来水量和地下水流场的目的。侯恩科等人以实际开采工作面为研究背景,通过网格剖分、源汇项设定、水文地质参数赋值等,利用 GMS 构建地下水数值模型,并对模型进行校核,然后使用模型预测计划开采工作面矿井涌水量。Chen 等人基于蒙特卡洛法建立煤层开采工作面离散裂隙岩石介质模型,使用该模型对煤层底板矿井涌水量进行预测研究,并分析矿井涌水量与下伏岩层裂隙形态的关系。

水均衡法的实质是在一定的均衡期研究区内地下水流入与流出之间的相互关系,利用这种相互关系来计算涌水量。张昊然将疏降水量与工作面回采进度相结合,以月为单位,对首采工作面的疏降水量进行了动态预测。Zhou 等人通过二阶动态模型模拟顶板矿井涌水过程,预测矿井涌水量随工作面煤层开采的变化情况,通过反演得到二阶动态模型参数,对无疏干时矿井涌水量进行预测。

2)非确定性统计学方法

水文地质比拟法是指不同工作面在近似的地质背景下,可参照已知水文地质参数,通过确定一定的比拟关系,大概估算计划开采工作面矿井涌水量。昝雅玲等人在充分分析计划开采区域与已有工作面比拟关系后,合理取得所需水文地质参数,使用水文地质比拟法对计划开采区域进行矿井涌水量预测研究。Sun 等人为了更好地区分中国现有的矿井水害类型,对矿区水文地质条件进行了分类,为水文地质比拟法的利用奠定了基础并提供了重要指导。

回归分析是利用井田多年的观测资料,建立涌水量与各项因素之间的模型,以达到预测涌水量的目的。李孝朋等人基于回归分析,分析了矿井涌水量与其主要影响因素之间的关系,构建了矿井涌水量预测模型,提高了涌水量预测的准确性。Li 等人基于研究区的地质背景,确定了矿井涌水量主要因素,并采用熵值法计算各因素权重,构建了加权多元非线性矿井涌水量预测模型,有效地避免了矿井涌水量预测中考虑的影响因素单一导致的预测结果存在较大误差等问题。

灰色系统理论的研究目标为含不确定性的对象系统,该方法根据已知内容不断总结出对象系统中有用的内容。施龙青等人研究同一矿井下计划开采工作面矿井涌水量,构建 GM(1,1)灰色模型,并对模型不断进行求解和检验,完成矿井涌水量的预测。Xu 等人通过建立优化的 GM(1,1)矿井涌水量预测模型,进一步提高矿井涌水量的预测精度。

时间序列是通过分析事件发展的规律性及随机性,得出事件随时间发展变化的趋势,从而建立数学模型,预测未来趋势。汤琳等人基于 R/S 分析,利用混沌时间序列预测方法构建矿井涌水量预测模型。Yang 等人利用奇异谱技术分析矿井涌水量时间序列数据,并基于 MATLAB 建立矿井涌水量预测模型。

神经网络算法通过发挥其优势,可以对一系列复杂的涌水量序列进行分析,以建立相应模型,较为准确地预测涌水量。谭大国通过输入两种不同神经元构建涌水量神经网络预测模型。Li 等人利用历史实测数据构建矿井涌水量的 Chaos GRNN 模型。

上述各种方法在预测涌水量时均存在局限性,将其中几种方法进行耦合或同时采用几种方法计算将是矿井涌水量预测的必然趋势,计算结果将更加符合实际情况。

1.3 研究内容及创新点

1.3.1 研究内容

针对西南岩溶地区煤层开采导致顶板覆岩破坏进而引起岩溶管道突水的问题,本书基于相似物理模型试验和多场耦合数值模拟手段,对开采扰动及岩溶管道水压共同作用下的岩溶管道突水灾变演化机制进行研究,具体内容如下。

1)西南岩溶地区龙潭组煤系地层相似材料研制

基于相似理论和正交试验,本书以粗骨料占骨料比例、滑石粉占细骨料比例、水泥占胶结物比例、胶结物占原料比例为影响因素,以容重、抗拉强度、抗剪强度、抗压强度、孔隙度、渗透率为考查指标,进行相似材料配比试验,并通过对比分析各岩体和相似材料的力学与水理性能,在满足相似准则的条件下,确定了物理模型试验中西南地区龙潭组煤系地层的相似材料配方。

2)煤层开采覆岩破坏岩溶管道突水流固耦合物理模型试验研究

在相似材料研制的基础上,本书通过模型搭建、配料搅拌、填料装模、材料铺设、监测元件预埋和模型体开挖,开展了煤层开采覆岩破坏岩溶管道突水流固耦合物理模型试验,并对煤层开采过程中上覆岩层的应力、位移、孔隙水压力、电导率等变化规律进行了分析,揭示了煤层开采过程中覆岩的变形破坏特征及导水通道形成机制。

3)煤层开采覆岩破坏岩溶管道突水数值模拟研究

利用 COMSOL Multiphysics 软件,本书建立了固体力学、达西定律和 Brinkman 方程耦合的三维数值计算模型,对煤层开采覆岩破坏引起的岩溶管道突水过程进行了模拟分析,总结突水前后位移场、应力场与渗流场变化规律及其相互作用机制,为煤层开采覆岩破坏岩溶管道突水现象的揭示及其机理研究提供了科学依据。此外,本书还从岩溶管道直径与岩溶管道水压两个角度,讨论了不同地质条件对突水过程的控制作用。

4)煤层开采覆岩破坏顶板含水层涌水量预测技术研究

基于3DEC软件,本书建立了煤层开采数值计算模型,分析了煤层开采过程中覆岩形态动态变化特征,定量表征了位移及应力时空演化情况,并根据数值模拟结果,得到了西南地区龙潭组煤层开采顶板"两带"发育高度,同时还与经验公式计算结果进行了对比。

在系统分析研究区水文地质条件的基础上,本书通过边界条件概化、源汇项设置等建立了典型的煤矿地下水三维非稳定流数值模型,将开采工作面覆岩"两带"发育高度耦合到地下水数值模型中,并完成模型校核后对矿井涌水量进行了动态预测。

基于矿井现有的历史实测数据,本书在充分分析矿井涌水量主要影响因素的基础上,通过影响因素权重确定及非线性回归拟合,建立了加权多元非线性回归矿井涌水量预测模型;基于历史时间序列数据,本书确定了以降雨量、开采面积、开采厚度、开采深度、含水层厚度为矿井涌水量影响因素,构建了长短期记忆神经网络矿井涌水量预测模型。

根据建立的多种矿井涌水量预测模型,本书分别得到了不同模型预测结果,并与大井法计算结果进行对比,分析总结了各研究方法的优缺点、适用范围及适用条件。

1.3.2 创新点

本书的创新点如下:

①研制西南岩溶地区龙潭组煤系地层遇水不坍塌的相似材料,并研制可调节水压供水装置及岩溶管道,进行岩溶管道突水流固耦合物理模型试验;在试验中考虑电导率指标,弥补西南岩溶地区煤层开采覆岩破坏特征及岩溶管道突

水机理研究的不足。

②通过 COMSOL Multiphysics 软件,将固体力学、达西定律与 Brinkman 方程进行耦合,研究煤层开采过程中顶板覆岩应力场、位移场、渗流场之间耦合的变化规律,全面揭示了煤层开采顶板岩溶管道突水多场灾变演化机理,并补充了岩溶管道自身因素对煤层开采突水的影响。

③构建基于实测数据的矿井涌水量预测模型,通过分析各影响因素权重,利用加权非线性回归分析及时间序列研究方法,避免了因矿井涌水量考虑因素单一和不能有效区分影响因素重要性程度所导致的预测结果与实际误差较大的问题,可以更准确地对煤层开采过程中矿井涌水量进行动态预测。

④针对研究区龙潭组煤层开采后,"两带"发育高度存在差异的问题,在建立矿井涌水量预测的三维非稳定流地下水数值模型时,对工作面区域受长兴组含水层影响情况进行分区研究,将"两带"发育至长兴组区域视为强渗流通道,并与地下水数值模型进行耦合,有效地弥补了传统涌水量计算法过于理想化的缺点。

第2章　西南岩溶地区煤系地层相似材料研制

西南岩溶地区龙潭组煤系地层主要形成于海陆交互相沉积环境,沉积作用以河流三角洲、滨海潟湖及沼泽为主。沉积环境导致沉积岩的岩性组合具有多样性,包括砂岩、泥岩、灰岩等,且沉积期间处于扬子板块与华夏地块碰撞带,地壳活动频繁,构造比较发育。西南岩溶地区龙潭组煤系地层的复杂性,给龙潭组煤层开采带来了很多隐患,如岩体垮落、突水等。因此,进行西南岩溶地区龙潭组煤系地层相似材料研制刻不容缓。

2.1　研究区概况

2.1.1　自然地理

青龙煤矿坐落于贵州省西北部的黔西县,距黔西县城约 17 km,地理坐标:东经 106°05′00″—106°10′00″,北纬 26°58′30″—27°01′30″。研究区西北部大约 6 km 处有黔西电厂,研究区距离贵阳市约 110 km。研究区的面积约为 20.65 km^2,开采标高为+1 300 ~ +700 m。煤矿中部有贵毕高等级公路穿过,矿井南侧有 321 国道公路,整体交通位置十分便利。

青龙煤矿的地貌类型以岩溶地貌为主,以侵蚀地貌为辅,整体上为高原低山丘陵。矿区内地势总体上表现出南东高、北西低的趋势。地表最低海拔位于驮煤河附近,标高 1 155 m;最高海拔位于营盘山,标高 1 474.20 m。研究区的地形与岩性、风化剥蚀、构造相关,碎屑岩地层发育冲沟和长梁山地貌,碳酸盐岩地层发育溶蚀洼地与峰丛地貌。西北部较陡峭,岩溶地貌发育明显。青龙煤矿附近主要落水洞如图 2.1 所示。

(a)罗家田坝落水洞　　　　(b)马家堰落水洞　　　　(c)前寨落水洞

图 2.1　青龙煤矿附近主要落水洞远景照

2.1.2　地质条件

研究区内出露的地层自新到老依次为:第四系(Q),三叠系茅草铺组(T_1m)、夜郎组(T_1y),二叠系长兴组(P_3c)、龙潭组(P_3l)、峨眉山玄武岩组($P_3\beta$)、茅口组(P_2m)。各地层详细信息如图 2.2 所示。

研究区位于扬子准地台黔北台隆遵义断拱毕节北东向构造变形区。构造形迹主要呈现出北东走向的断裂带与褶皱,少量北西-南东走向断裂、北西西向构造及近东西向断裂与构造。其褶皱表现为宽阔的不对称背斜与向斜。地层倾角普遍为 9°~16°,但在构造强烈区(如断裂带附近)可增大至 60°。受构造的影响,局部地段的地层倾角较大。煤矿发育的一级构造有格老寨背斜和 F1、F2、F4 断层,其发育倾角大,延伸长,规模大,同时发育正断层与逆断层。煤矿发育的次一级构造有 F3、F10、F11 与 F12 逆断层,其延伸比较短,规模相对较小。煤矿还发育两个褶皱,分别是丁家寨向斜与大冲背斜,煤矿内小的断层与小的褶皱非常发育。青龙煤矿构造纲要图如图 2.3 所示。

地层				代号	柱状图 1:12 500	厚度/m 最大 最小	岩性简述
系	统	组	段				
第四系	—	—	—	Q		—	主要为风化黏土组成
三叠系	中统	狮子山组	第三段	T_2sh^3		>200	浅灰、灰色薄层泥质白云岩夹内部碎屑白云岩，泥晶灰岩及泥岩
			第二段	T_2sh^2		22 118	浅灰、灰色厚层块状白云岩，夹白云质灰岩
			第一段	T_2sh^1		51 187	浅灰、灰色中厚层–块状灰岩夹白云质灰岩
		松子坎组	第三段	T_2s^3		69 235	浅灰、深灰色泥晶灰岩与杂色黏土夹泥晶白云岩
			第二段	T_2s^2		71 198	浅灰、灰黄色薄–中厚层泥晶白云岩与泥岩
			第一段	T_2s^1		13 37	浅灰、灰色厚层泥晶白云岩，底部为"绿豆岩"
	下统	茅草铺组	第四段	T_1m^4		35 116	灰、浅灰色中厚层块状泥晶白云岩，局部夹白云质灰岩
			第三段	T_1m^3		71 201	浅灰、灰色泥晶灰岩及灰岩
			第二段	T_1m^2		24 212	浅灰、灰色厚层状细晶白云岩，底部为鲕粒白云岩
			第一段	T_1m^1		59 228	浅灰、灰色中厚层状–映状灰岩，内碎屑灰岩
		夜郎组	九级滩段	T_1y^3		45 80	紫红、黄褐色薄–中厚层细晶灰岩，偶夹泥岩，顶部为豆鲕粒灰岩
			玉龙山段	T_1y^2		195 355	浅灰–灰色薄–中厚层细晶灰岩，偶夹泥岩，顶部为豆鲕粒灰岩
			沙堡湾段	T_1y^1		7 12	浅黄、黄灰色薄层泥岩，局部夹泥灰岩
二叠系	上统	长兴组	—	P_3c		25 43	深灰色中厚层生物碎屑灰岩，含泥质条带及燧石团块
		龙潭组	上段	P_3l^2		68 121	粉砂岩、粉砂质泥岩、泥质粉砂岩、泥岩及石灰岩组成，夹少量煤层及菱铁质泥岩，底部为18煤层
			下段	P_3l^1		68 155	粉砂岩、泥岩、炭质泥岩、菱铁质灰岩及煤层为主
		峨眉山玄武岩组	—	$P_3\beta$		50 60	深灰、灰黑色块状细粒玄武岩，局部顶部见灰岩
	中统	茅口组	—	P_2m		不详	浅灰色中厚层细晶灰岩

图 2.2　研究区地层柱状图

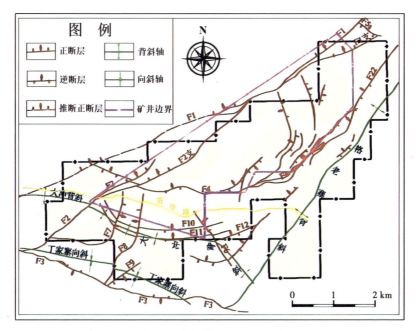

图 2.3　青龙煤矿构造纲要图

2.1.3　水文地质条件

青龙煤矿主要的含水层包括茅草铺组（T_1m）含水层、夜郎组玉龙山段（T_1y^2）含水层、长兴组（P_3c）岩溶裂隙含水层、龙潭组（P_3l）含水层和茅口组（P_2m）含水层，共计 5 层。而隔水层包括夜郎组九级滩段（T_1y^3）隔水层和夜郎组沙堡湾段（T_1y^1）隔水层，共计 2 层。

地下水的主要补给来源于大气降水，降雨量直接或间接影响含水层充水。大气降水后，少部分水流通过地表路径流入地表水体，其余水流通过地下径流渗入补给各含水层。地下水的次要补给来源于地表水，在矿井西北部，驮煤河流经边界附近，驮煤河朵泥桥下游约 2 km 处建有沙坝河水库。在煤层开采推进到河流附近时，河水可能通过采动引起的导水裂隙带补给地下水。研究区范围内李家寨溪流流入溶洞之后形成伏流。当流量相对较小时，全部补给地下水。煤矿西部坡脚处的溪流水流入落水洞并补给地下水。地下水通过封闭不良的钻孔、采动裂隙、断层、岩溶管道等水流通道流入其他含水层及矿井中。地下水主要以泉的形式向外排泄。

2.1.4 21606 工作面概况

21606 工作面位于一采区西部。在 21606 工作面里程 333 m 附近，运顺侧（面内）平距 61.2 m 处，地面有一处落水洞。该工作面东南临 21604 工作面，东北临回风下山保护煤柱及回风下山，西南临 F54 逆断层和 F53 逆断层，西北临 21608 工作面（未掘进），下部为 21606 底抽巷、21604 底抽巷、21606 边界巷、21604 底抽巷延伸。21606 轨顺为沿空巷道，与 21604 运顺采空区间之间的净煤柱为 5 m。在 21606 工作面设计停采线时，大湾附近有少量房屋，因此，在回采前需要提前进行搬迁。公路横跨 21606 工作面，对开采有影响，需要进行处理，包括回填和加固。21606 工作面布置图如图 2.4 所示。

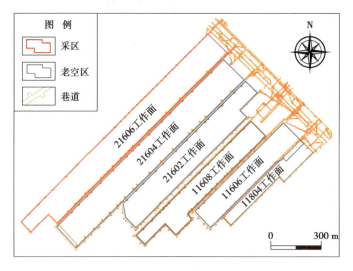

图 2.4 21606 工作面布置图

21606 开采工作面的直接补充水源是顶板粉砂岩水和细砂岩水，间接补充水源是长兴灰岩和玉龙灰岩的岩溶裂隙水。该工作面所开采煤层是龙潭组 16# 煤，该煤层顶部距长兴组的底界约 46.5 ~ 59.5 m，厚度约 22.3 ~ 28.2 m，平均厚度约 26.1 m。工作面煤层总体表现出宽缓的背斜，中间高、两翼低，倾角 2° ~ 14°，平均 5°。21606 工作面井下实景如图 2.5 所示。

图 2.5　21606 工作面井下实景

　　2020 年,对 21606 工作面进行了音频电透视探测,并成功查明了 6 处富水异常区。其中,YC1-4-I(YC2-2-I)异常区距工作面切眼 1 256 ~ 1 416 m,主要发育在煤层顶板 0 ~ 100 m 段。21606 工作面的富水异常区图如图 2.6 所示。

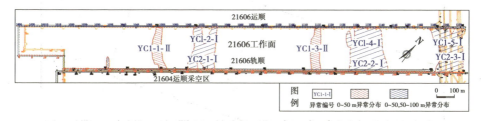

图 2.6　21606 工作面的富水异常区图

　　根据瞬变电磁法和音频电透视的结果,截至 2022 年 5 月 7 日,已施工 62 个探查钻孔,重点疏放长兴灰岩含水层富水区,累计放水量约 13.2 万 m^3,其中YC1-4-I(YC2-2-I)异常区放水量为 11.5 万 m^3。资料显示,目前在 21606 工作面附近已经发现了 6 处异常涌水点,具体如图 2.7 所示。其中,21606 工作面探测 YC1-4-I(YC2-2-I)异常区所施工的 GK4-5 号探放水孔(轨顺里程 1 393 m),进入长兴灰岩 8.1 m,钻孔涌水量达 56 m³/h,且涌水中携带大量黄泥、鹅卵石,初步判断该处存在岩溶管道。后期突降大雨,对井下探放水钻孔进行水量监测时,发现轨顺里程 1 385 m 处钻孔涌水量增至 20 m³/h,1 390 m 处钻孔涌水量增至 20 m³/h;轨顺里程 1 400 m 处 B2 钻孔涌水量陡增至 45 m³/h,并伴有磨圆度好的鹅卵石及黄泥等,判断该处存在岩溶管道。根据后期井下钻孔透孔情况,21606 轨顺里程 1 390 m、1 400 m 处钻孔具有连通性。井底水仓钻孔水压维持在 2.1 ~ 2.3 MPa。因此,岩溶管道直径概化为 10 m,位于长兴组底部。

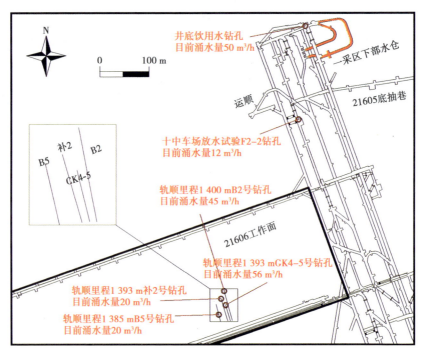

图 2.7　21606 工作面异常涌水点位置图

2.2　相似常数的确定

1）几何相似常数

3 个相似定律被应用于物理模型试验,用以表述试验现象结果和实际情况之间的关联。相似理论的第一定律阐述了基本性质,实际和模拟系统的同名物理量之间存在着固定的比例常数。相似理论的第二定律表明,在物理模拟中,各种模拟系统参数之间的关系同样应用于实际系统。相似理论的第三定律要求,在满足第一和第二定律的基础上,模拟系统的现象与结论在相似常数转换下能够成为实际系统的现象与结论的有效代表。相似现象的各对应物理量之比是常数,这种常数称为相似常数。

开展青龙煤矿 21606 工作面煤层开采流固耦合物理模型试验,必须使原型各部分的尺寸按一定比例缩小成模型。本次试验几何相似常数 $\alpha_L = 100$,即原型上的 1 m 缩小成模型上的 1 cm,见式（2.1）。

$$\alpha_L = \frac{L_H}{L_M} \tag{2.1}$$

式中,L_H 是原型尺寸,m;L_M 是模型尺寸,m。

根据现有的模型框架与研究区煤层开采情况,设计模型厚度为 150 cm,煤层顶板未模拟的岩层厚度采用人工加压的方法代替。未模拟岩层分别为第四系砂质黏土和部分夜郎组灰岩,其厚度分别为 4.1 cm 和 24.3 cm,相对应的实际厚度分别为 4.1 m 和 24.3 m。未模拟岩层的压力根据式（2.2）计算。

$$P = \rho g \Delta H \tag{2.2}$$

式中,P 是未模拟岩层的压力,Pa;ρ 是未模拟岩层的密度,kg/m^3;g 是重力加速度,m/s^2;ΔH 是未模拟岩层的厚度,m。

根据式（2.2）计算出未模拟岩层的压力约为 5.02 kPa。

2）容重相似常数

α_R 表示容重相似常数,其值为 1.5,即原岩容重与模型容重的比值,见式(2.3)。

$$\alpha_R = \frac{R_1}{R_2} \tag{2.3}$$

式中,R_1 是原岩容重,kg/m^3;R_2 是模型容重,kg/m^3。

3）时间相似常数

α_t 为时间相似常数,即模型煤层开采时间与实践开采时间的比值,见式(2.4)。

$$\alpha_t = \sqrt{\alpha_L} \tag{2.4}$$

$\alpha_t = 10$ 表示模型试验中开采 1 min 对应煤矿开采 10 min。

4）强度相似常数

α_σ 表示强度相似常数,其值为 150,由于材料强度与它的容重及几何尺寸有关,因此,强度相似常数为 α_L 与 α_R 的乘积,见式(2.5)。

$$\alpha_\sigma = \alpha_L \times \alpha_R \tag{2.5}$$

2.3 原材料与试验方案

2.3.1 原材料的确定

流固耦合物理模型试验的本质是通过试验结果与现象推断实际的结果与现象。因此,试验的原材料需要符合以下要求:

①试验样品的抗拉强度、抗压强度和抗剪强度符合强度相似常数,且力学性质不易受外界因素的影响;

②隔水岩体相对应的相似材料具有隔水性能;

③材料易构成模型,遇水不坍塌,凝固时间适中,成本低廉,无毒无害。

　　根据材料要求,结合前人研究成果,对相似材料的研制进行创新。本次试验选用的原材料及其主要作用如下:细河沙为粗骨料,起到增加强度的作用;重晶石粉和滑石粉为细骨料,起到增加容重与增加强度的作用;甲基硅油为调节剂,起到增加抗压缩性的作用;胶结物由氯化石蜡、石膏和水泥构成,其中水泥和石膏起到增加胶结性的作用,氯化石蜡起到防水的作用;云母粉起到分层的作用。相似物理模型试验的原材料如图 2.8 所示。

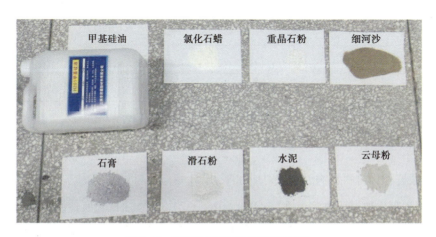

图 2.8　相似物理模型试验的原材料

2.3.2　试验方案的设计

　　本次试验选择的固体原料是细河沙、石膏、水泥、滑石粉、重晶石粉与氯化石蜡,液体原料是甲基硅油和水,混合搅拌制成所需的相似材料。通过正交试验设计相似材料的配比,深入分析不同原材料配比条件下的力学性质及水理性质,达到容重相似常数和力学强度相似常数,其隔水岩体相对应的相似材料具有隔水性能,然后选择各岩性相对应的相似材料配比,便于后期开展物理模型试验。为了简化影响因素,本次试验采用相互比例的方式选择 4 个影响因素,分别为粗骨料占骨料比例(a)、滑石粉占细骨料比例(b)、水泥占胶结物比例(c)、胶结物占原料比例(d)。通过多次设计开展相似材料研制,最终确定每个因素的 5 个水平。试验具体影响因素及每个因素对应水平的选择见表 2.1。

表 2.1　相似材料影响因素及对应水平　　　　　　　　　单位:%

水平	因素			
	a	b	c	d
1	87.4	63.9	10.0	6.0
2	86.7	66.7	12.7	6.9
3	85.6	72.4	15.3	8.1
4	83.9	75.2	17.8	8.9
5	82.2	77.3	18.9	9.4

注:甲基硅油用量为样品质量的 1/48,用水量为样品质量的 1/12,水泥与石膏比例约为 0.4。

根据相似材料影响因素及对应水平,设计相似材料试验配比方案,见表 2.2。根据《工程岩体试验方法标准》(GB/T 50266—2013),本次试验所使用的样品模具为标准圆柱体,其高度为 10 cm,直径为 5 cm。原岩的平均容重为 2 693 kg/m³,容重相似常数为 1.5,试验设计的相似材料的平均容重为 1 795 kg/m³。根据试验设计要求,将相似材料的平均容重乘以所用的模具体积再乘以富余系数,计算出样品的标准质量为 0.365 kg。根据设计的相似材料配比方案,计算得出各组样品相对应的原材料质量,见表 2.3。

表 2.2　相似材料试验配比方案设计　　　　　　　　　单位:%

样品组号	因素			
	a	b	c	d
A	87.4	63.9	12.7	8.1
B	87.4	66.7	15.3	8.9
C	87.4	72.4	17.8	9.4
D	87.4	75.2	18.9	6.0

续表

样品组号	因素			
	a	b	c	d
E	87.4	77.3	10.0	6.9
F	86.7	63.9	15.3	8.9
G	86.7	66.7	17.8	9.4
H	86.7	72.4	18.9	6.0
I	86.7	75.2	10.0	6.9
J	86.7	77.3	12.7	8.1
K	85.6	63.9	17.8	9.4
L	85.6	66.7	18.9	6.0
M	85.6	72.4	10.0	6.9
N	85.6	75.2	12.7	8.1
O	85.6	77.3	15.3	8.9
P	83.9	63.9	18.9	6.0
Q	83.9	66.7	10.0	6.9
R	83.9	72.4	12.7	8.1
S	83.9	75.2	15.3	8.9
T	83.9	77.3	17.8	9.4
U	82.2	63.9	10.0	6.9
V	82.2	66.7	12.7	8.1
W	82.2	72.4	15.3	8.9
X	82.2	75.2	17.8	9.4
Y	82.2	77.3	18.9	6.0

表 2.3　各组样品相对应的原材料质量

样品组号	原料质量/g							
	细河沙	滑石粉	重晶石粉	氯化石蜡	石膏	水泥	甲基硅油	水
A	259.9	23.9	13.5	16.4	9.4	3.8	7.6	30.4
B	257.4	24.7	12.4	15.1	12.4	5.0	7.6	30.4
C	255.8	26.7	10.2	12.9	15.3	6.1	7.6	30.4
D	266.6	28.9	9.5	7.4	10.3	4.1	7.6	30.4
E	263.8	29.4	8.6	16.4	6.3	2.5	7.6	30.4
F	255.3	25.0	14.1	15.1	12.4	5.0	7.6	30.4
G	253.7	26.0	13.0	12.9	15.3	6.1	7.6	30.4
H	264.5	29.4	11.2	7.4	10.3	4.1	7.6	30.4
I	261.7	30.2	10.0	16.4	6.3	2.5	7.6	30.4
J	257.9	30.6	9.0	16.4	9.4	3.8	7.6	30.4
K	250.5	26.9	15.2	12.9	15.3	6.1	7.6	30.4
L	261.1	29.3	14.6	7.4	10.3	4.1	7.6	30.4
M	258.3	31.5	12.0	16.4	6.3	2.5	7.6	30.4
N	254.6	32.2	10.6	16.4	9.4	3.8	7.6	30.4
O	252.1	32.8	9.6	15.1	12.4	5.0	7.6	30.4
P	256.0	31.4	17.7	7.4	10.3	4.1	7.6	30.4
Q	253.2	32.4	16.2	16.4	6.3	2.5	7.6	30.4
R	249.5	34.7	13.2	16.4	9.4	3.8	7.6	30.4
S	247.1	35.7	11.8	15.1	12.4	5.0	7.6	30.4
T	245.6	36.4	10.7	12.9	15.3	6.1	7.6	30.4
U	248.1	34.3	19.4	16.4	6.3	2.5	7.6	30.4
V	244.5	35.3	17.6	16.4	9.4	3.8	7.6	30.4
W	242.1	38.0	14.5	15.1	12.4	5.0	7.6	30.4
X	240.6	39.2	12.9	12.9	15.3	6.1	7.6	30.4
Y	250.8	42.0	12.3	7.4	10.3	4.1	7.6	30.4

2.4　样品制备及测试

2.4.1　样品制备

①依据表 2.3 中的样品组号进行试验原材料准备,并进行精确称量,以确定每种相似材料的质量。

②准备试验所用的样品模具时,为便于后续脱模操作,需在模具内壁均匀地涂抹一层凡士林。

③将精确称量的固体原材料倒入砂浆搅拌机中,搅拌均匀;在设定的搅拌时间内,逐步加入液体原材料和预定水量。同时,在搅拌过程中,仔细检查混合材料的均匀程度,原材料均匀一致时,停止搅拌,倒出备用。

④充分搅拌的混合材料按照样品组号分别装入样品模具中,并用削土刀进行压实;同时,需要保证混合材料的体积超过样品模具容积的 6% 。然后,将装填好的试样置于混凝土振动台上振动密实。

⑤一定室温条件下,样品静置 1 周后,对样品进行脱模。根据样品组号为每个样品分别编号,编号规则为 i-1,$\cdots$,i-12,其中 i 是样品组号($i =$ A,B,$\cdots$,Y)。接着继续室内静置 2 周,并在静置后开展相关的力学性质与水理性质测试。

2.4.2　测试方法

遵循《岩石物理力学性质试验规程》的规定,测试各样品的容重、抗拉强度、抗压强度和抗剪强度。通过测定物理力学性质的结果,选取并确定各原岩相对应的样品组号,接着开展隔水岩体相对应试验样品的水理性质测试。

1)样品容重测试

样品容重测试采用蜡封法,即样品干密度的测试。样品测试过程:首先将样品置于 110 ℃的恒温箱烘 24 h;然后取出冷却至室温,使用电子天平(型号 PL2002)称量烘干后样品的质量;接着将样品置于 60 ℃的熔蜡中浸泡 1~2 s,使样品表面覆上约 1 mm 厚的蜡膜,样品冷却至室温后再次称量,将蜡封的样品放入水中称量,取出样品后擦干表面水分并称量。样品的干密度计算见式(2.6)。

$$\rho_d = \frac{m_1}{\frac{m_2 - m_3}{\rho_1} - \frac{m_2 - m_1}{\rho_2}} \qquad (2.6)$$

式中,ρ_d 为样品干密度,g/cm^3;m_1 为烘干的样品质量,g;m_2 为蜡封的样品质量,g;m_3 为蜡封样品于水中的质量,g;ρ_1 为水密度,g/cm^3;ρ_2 为蜡密度,g/cm^3。

2)样品单轴抗压强度测试

样品单轴抗压强度测试过程:首先将样品两端的大颗粒物抹掉,并置于微机控制电液伺服万能试验机(型号 WAW-200)的承压板中心;接着调试验机的初始状态,启动控制系统,按照预定的加载速率逐渐增加荷载,直至样品被破坏。样品单轴抗压强度计算见式(2.7)。

$$R_S = \frac{P_1}{S_A} \qquad (2.7)$$

式中,R_S 为样品的抗压强度,MPa;P_1 为破坏荷载,N;S_A 为横截面积,mm^2。

3)样品抗拉强度测试

样品抗拉强度测试采用劈裂法,测试过程:首先将标准的试样安装在微机控制电子压力试验机(型号 CDT305)上,确保试样与机器的夹具连接牢固,且试样的轴线与试验机的拉伸方向一致;接着调试试验机的初始状态,启动控制系统,按照预定的加载速率逐渐增加荷载,直至试样被破坏(图 2.9)。样品抗拉强度计算见式(2.8)。

$$\sigma_t = \frac{2P_2}{\pi Dh} \qquad (2.8)$$

式中，σ_t 为样品抗拉强度，MPa；P_2 为破坏荷载，N；D 为样品直径，mm；h 为样品厚度，mm。

图 2.9 样品抗拉强度测试

4）样品抗剪强度测试

样品抗剪强度测试采用变角板试验，测试过程：根据试验标准，首先准备相应的尺寸和形状的试样；然后将标准的试样安装在微机控制全自动压力试验机（型号 YAW4605）的夹具中，调整试验机的初始状态，启动控制系统，按照预定的加载速率逐渐增加荷载，直至试样被破坏（图 2.10）。

图 2.10 样品抗剪强度测试

样品剪切面上的剪应力计算见式（2.9），正应力计算见式（2.10）。

$$\tau = \frac{P}{A}(\sin \alpha - f \cos \alpha) \tag{2.9}$$

$$\sigma = \frac{P}{A}(\cos \alpha + f \sin \alpha) \tag{2.10}$$

$$f = \frac{1}{nd} \tag{2.11}$$

式(2.9)—式(2.11)中，τ 为剪应力，MPa；σ 为正应力，MPa；P 为破坏荷载，N；A 为剪切面面积，mm^2；α 为放置角度，(°)；f 为滚轴摩擦系数；n 为滚轴根数；d 为滚轴直径，mm。

黏聚力需根据所得剪应力和正应力的计算结果进行计算，见式(2.12)。

$$C = \frac{\sum_{i=1}^{n} \sigma_i^2 \sum_{i=1}^{n} \tau_i - \sum_{i=1}^{n} \sigma_i \sum_{i=1}^{n} \sigma_i \tau_i}{n \sum_{i=1}^{n} \sigma_i^2 - \left(\sum_{i=1}^{n} \sigma_i \right)^2} \tag{2.12}$$

式中，C 为剪切面上的黏聚力，MPa。

5)样品渗透率与孔隙度测试

隔水岩体样品渗透率与孔隙度的测试遵循《覆压下岩石孔隙度和渗透率测定方法》(SY/T 6385—2016)的规定(图 2.11)。

图 2.11　样品渗透率与孔隙度测试

根据式(2.13)—式(2.15)计算样品孔隙度，根据式(2.16)计算样品的渗透率。

$$V = \frac{\pi D^2 L}{4} \tag{2.13}$$

式中，V 是试件总体积，cm^3；L 是试件长度，cm；D 是试件直径，cm。

$$P_0 V_0 = P_1 (V_0 + V_2) \tag{2.14}$$

$$\phi = \frac{V_2}{V - \Delta V_2} \times 100\% \tag{2.15}$$

式(2.14)和式(2.15)中，P_0 表示初始气体压力，MPa；V_0 表示压力容器体积，cm^3；P_1 是连通试件孔隙后气体压力，MPa；V_2 是孔隙体积，cm^3；ΔV_2 是孔隙体积差，cm^3；ϕ 表示样品孔隙度。

$$K_g = \frac{2P_2 Q_0 \mu_g L}{A(P_3^2 - P_4^2)} \tag{2.16}$$

式中，K_g 为样品渗透率，D；P_2 为大气压强，MPa；Q_0 为大气压强下气体体积流量，cm^3/s；μ_g 为测试体积黏度，$mPa \cdot s$；L 为样品的长度，cm；A 为样品横截面积，cm^2；P_3 为进口端压强，MPa，P_4 为出口端压强，MPa。

2.5　测试结果及分析

2.5.1　测试结果

样品的容重、抗拉强度、抗压强度与抗剪强度的测试结果见表2.4。

表 2.4　样品力学性质测试结果

组号	指标			
	容重/(kg · m^{-3})	抗压强度/MPa	抗拉强度/MPa	黏聚力/MPa
A	1 733	0.79	0.041	0.049
B	1 733	0.57	0.032	0.031
C	1 749	0.61	0.024	0.052
D	1 820	0.43	0.021	0.021
E	1 823	0.32	0.025	0.038
F	1 728	0.45	0.023	0.029
G	1 786	0.48	0.021	0.075

续表

组号	指标			
	容重/(kg·m^{-3})	抗压强度/MPa	抗拉强度/MPa	黏聚力/MPa
H	1 809	0.22	0.020	0.026
I	1 802	0.38	0.016	0.018
J	1 848	0.52	0.019	0.056
K	1 692	0.36	0.024	0.045
L	1 768	0.40	0.022	0.056
M	1 794	0.34	0.023	0.044
N	1 811	0.29	0.021	0.042
O	1 835	0.35	0.025	0.019
P	1 770	0.23	0.019	0.024
Q	1 768	0.31	0.017	0.017
R	1 770	0.48	0.018	0.021
S	1 795	0.56	0.035	0.026
T	1 827	0.50	0.037	0.019
U	1 751	0.40	0.019	0.025
V	1 743	0.59	0.021	0.063
W	1 753	0.60	0.019	0.021
X	1 782	0.36	0.017	0.016
Y	1 861	0.31	0.021	0.022

由表2.4可知,样品的容重范围为1 692～1 861 kg/m³、抗压强度范围为
0.22～0.79 MPa、抗拉强度范围为0.016～0.041 MPa、黏聚力范围为0.016～
0.075 MPa。根据确定的容重相似常数与强度相似常数,原岩对应样品的容重
范围为1 773～1 820 kg/m³、抗压强度范围为0.30～0.43 MPa、抗拉强度范围为
0.016～0.023 MPa、黏聚力范围为0.016～0.044 MPa。样品的相关力学参数分
布范围较广,达到了相似物理模型试验对相似材料的需求。

根据样品的容重、抗压强度、抗拉强度与抗剪强度的测试结果,在最大限度
满足容重相似常数与强度相似常数的原则下,确定物理模型试验各岩层岩性配

比试样组号,详见表 2.5。

表 2.5　物理模型试验各岩层岩性配比试样组号

地层	岩性	配比试样组号	容重/(kg·cm⁻³) 相似材料/原岩	抗压强度/MPa 相似材料/原岩	抗拉强度/MPa 相似材料/原岩	黏聚力/MPa 相似材料/原岩
夜郎组	灰岩	N	1 811/2 710	0.29/44.70	0.021/3.10	0.042/6.5
长兴组	灰岩	M	1 794/2 695	0.34/50.75	0.023/3.45	0.044/6.6
龙潭组	泥质砂岩	D	1 820/2 730	0.43/64.80	0.021/3.14	0.021/3.2
	细砂岩	Q	1 768/2 660	0.31/45.15	0.017/2.60	0.017/2.4
	粉砂岩(顶)	I	1 802/2 697	0.38/56.56	0.016/2.35	0.018/2.5
	粉砂岩(底)	X	1 782/2 667	0.36/53.71	0.017/2.56	0.016/2.4

为了检验隔水岩体的隔水性能,对煤层顶板的龙潭组泥质砂岩、龙潭组细砂岩、龙潭组粉砂岩(顶)相对应样品进行渗透率和孔隙度测试,结果见表 2.6。

表 2.6　隔水岩体相对应样品的孔隙度及渗透率测试结果

岩性	孔隙度/%	渗透率/mD
龙潭组泥质砂岩	14.32	5.46
龙潭组细砂岩	16.84	6.23
龙潭组粉砂岩(顶)	19.86	8.19

由表 2.6 可知,隔水岩体相对应样品孔隙度为 14.32% ~ 19.86%、渗透率为 5.46 ~ 8.19 mD,显示透水性较弱,隔水能力较好。

2.5.2　性能影响因素分析

应用表格法对样品的容重、抗压强度、抗拉强度、抗剪强度的 5 个水平求均值、对 4 个影响因素求极差,分析 4 个因素对样品力学性质的影响。

1)容重影响因素分析

样品容重的极差分析见表 2.7。由表 2.7 可知,影响因素 b 的容重极差值最大,其值为 104 kg/m³;而影响因素 a 的容重极差值最小,其值为 22 kg/m³。这表明滑石粉占细骨料比例对样品容重的影响最显著,而粗骨料占骨料比例对样品容重的影响最小。其中,当滑石粉占细骨料的比例为 77.3% 时,样品的容重最大,其值为 1 839 kg/m³。因此,各因素对样品容重的影响程度排序为:$b>c=d>a$。

表 2.7 样品容重极差分析   单位:kg/m³

水平	因素			
	a	b	c	d
1	1 772	1 735	1 788	1 806
2	1 794	1 760	1 781	1 788
3	1 780	1 775	1 769	1 781
4	1 782	1 802	1 767	1 769
5	1 778	1 839	1 806	1 767
极差	22	104	39	39

2)抗压强度影响因素分析

样品抗压强度的极差分析见表 2.8。由表 2.8 可知,影响因素 c 和影响因素 d 的抗压强度极差值相等且最大,其值为 0.216 MPa;而影响因素 b 的抗压强度极差值最小,其值为 0.07 MPa。这表明水泥占胶结物比例与胶结物占原料比例对样品抗压强度的影响效果一样且最明显,而滑石粉占细骨料比例的影响最不明显。其中,当水泥占胶结物的比例为 12.7% 时,样品抗压强度最大,为 0.534 MPa。因此,各因素对样品抗压强度的影响程度排序为:$c=d>a>b$。

表 2.8　样品的抗压强度极差分析　　　　　　　　单位:MPa

水平	因素			
	a	b	c	d
1	0.544	0.446	0.350	0.318
2	0.410	0.470	0.534	0.350
3	0.348	0.450	0.506	0.534
4	0.416	0.404	0.462	0.506
5	0.452	0.400	0.318	0.462
极差	0.196	0.070	0.216	0.216

3)抗拉强度影响因素分析

样品抗拉强度的极差分析见表 2.9。由表 2.9 可知,影响因素 a 的抗拉强度极差值最大,其值为 0.009 2 MPa;而影响因素 b 的抗拉强度极差值最小,其值为 0.004 6 MPa。这表明粗骨料占骨料比例对样品抗拉强度的影响最明显,而滑石粉占细骨料比例的影响最小。其中,当粗骨料占骨料的比例为 87.4% 时,样品抗拉强度最大,其值为 0.028 6 MPa。因此,各因素对样品抗拉强度的影响程度排序为:$a>c=d>b$。

表 2.9　样品的抗拉强度极差分析　　　　　　　　单位:MPa

水平	因素			
	a	b	c	d
1	0.028 6	0.025 2	0.020 0	0.020 6
2	0.019 8	0.022 6	0.024 0	0.020 0
3	0.023 0	0.020 8	0.026 8	0.024 0
4	0.025 2	0.022 0	0.024 6	0.026 8
5	0.019 4	0.025 4	0.020 6	0.024 6
极差	0.009 2	0.004 6	0.006 8	0.006 8

4)抗剪强度影响因素分析

样品抗剪强度极差分析见表2.10。由表2.10可知,影响因素 b 的抗剪强度极差值最明显,其值为0.023 8 MPa,而影响因素 a 的抗剪强度极差值最小,其值为0.019 8 MPa。这表明滑石粉占细骨料比例对样品抗剪强度的影响最明显,而粗骨料占骨料比例的影响最小。其中,当滑石粉占细骨料的比例为66.7%时,样品抗剪强度最大,为0.048 4 MPa。因此,各因素对样品抗剪强度的影响程度排序为: $b>c=d>a$ 。

表2.10 样品抗剪强度极差分析　　　　　单位:MPa

水平	因素			
	a	b	c	d
1	0.038 2	0.034 4	0.028 4	0.029 8
2	0.040 8	0.048 4	0.046 2	0.028 4
3	0.041 2	0.032 8	0.025 2	0.046 2
4	0.021 4	0.024 6	0.041 4	0.025 2
5	0.029 4	0.030 8	0.029 8	0.041 4
极差	0.019 8	0.023 8	0.021 0	0.021 0

2.6 本章小结

①基于相似原理,确定了几何相似常数 $\alpha_L = 100$,容重相似常数 $\alpha_R = 1.5$,强度相似常数 $\alpha_\sigma = 150$,时间相似常数 $\alpha_t = 10$ 。通过分析龙潭组煤系地层各岩性特征,选取了细河沙为粗骨料,其作用为增加强度;重晶石粉和滑石粉为细骨料,其作用为增加容重与增加强度;甲基硅油为调节剂,其作用为增加抗压缩性;胶结物由氯化石蜡、水泥和石膏组成,其中水泥和石膏起增加胶结性的作用,氯化石蜡起防水的作用;云母粉起分层的作用。通过正交试验,确定了粗骨

料占骨料比例、滑石粉占细骨料比例、胶结物占原料比例及水泥占胶结物比例4个影响因素,研制了相似材料试验配比,以容重、抗拉强度、抗压强度和抗剪强度为测试指标。

②根据各样品力学性质测试结果和相似常数,确定了夜郎组灰岩,长兴组灰岩,龙潭组泥质砂岩、细砂岩、粉砂岩(顶)、粉砂岩(底)的相似材料配比方案,试样组号依次为 N、M、D、Q、I、X。根据对样品容重、抗压强度、抗拉强度、抗剪强度等物理性能的影响因素进行分析,得出以下结论:滑石粉占细骨料比例对容重的影响最明显,当滑石粉占细骨料的比例为77.3%时,样品容重最大,为1 839 kg/m³;水泥占胶结物比例与胶结物占原料比例对样品抗压强度的影响效果一样且最显著,当水泥占胶结物的比例为12.7%时,样品抗压强度最大,为0.534 MPa;粗骨料占骨料比例对样品抗拉强度的影响最显著,当粗骨料占骨料的比例为87.4%时,样品抗拉强度最大,为0.028 6 MPa;滑石粉占细骨料比例对样品抗剪强度的影响最显著,当滑石粉占细骨料的比例为66.7%时,样品抗剪强度最大,为0.048 4 MPa。隔水层岩体相对应的样品孔隙度为14.32% ~ 19.86%、渗透率为5.46~8.19 mD,隔水岩体的相似材料的渗透率及孔隙度比较小,其隔水性能较好。

第 3 章　煤层开采覆岩破坏及岩溶管道突水物理模型试验

基于相似材料研制成果,确定了物理模型试验各岩层岩性配比方案,开展岩溶管道突水流固耦合物理模型试验。在煤层开采过程中,分析煤层开采顶板"两带"高度变化规律和岩溶管道突水从发育、发展到发生的过程。同时,统计分析相关仪器采集的数据,研究岩溶管道突水前后隔水岩体的竖向应力、竖向位移、孔隙水压和电导率的变化规律及异常特征。在开采扰动和岩溶管道水压的共同作用下,从围岩多场信息变化的角度揭示煤层开采导致覆岩变形破坏引起岩溶管道突水的演化机制。

3.1　模型搭建及试验方案

3.1.1　材料准备

物理模型试验以青龙煤矿正在开采的 21606 工作面为背景。模拟岩层以 16# 煤系地层为主,为了方便构建物理模型,采用分层模拟岩层厚度;比较薄的岩层与邻近厚的岩层合并进行综合模拟。根据试验框架与几何相似常数,模型框架的长度、宽度、高度分别设定为 220 cm、20 cm、150 cm。在 21606 工作面模拟深度范围内,顶、底板煤岩层岩性从上到下依次为夜郎组灰岩,长兴组灰岩,龙潭组泥质砂岩、细砂岩、粉砂岩(顶)、16#煤、粉砂岩(底),总厚度为 15 cm,相当于实际厚度 150 m。研究区龙潭组 16#煤实际平均厚度为 2.4 m,煤层的倾角为 5°,属于缓倾斜煤层;而在模型中,煤层使用长方体木条代替,平均厚度为 2.4 cm,煤层的倾角设置为 0°。在物理模型中,各地层岩性厚度及对应的物理力学参数见表 3.1。

表 3.1　物理模型中各地层岩性厚度及对应的物理力学参数

地层	岩性	厚度/cm	密度/(kg·m⁻³)	抗压强度/MPa	抗拉强度/MPa	黏聚力/MPa
夜郎组	灰岩	26.7	1 807	0.298	0.021	0.043
长兴组	灰岩	26.1	1 797	0.338	0.023	0.044
龙潭组	泥质砂岩	33.5	1 820	0.432	0.021	0.021
	细砂岩	14.7	1 773	0.301	0.017	0.016
	粉砂岩(顶)	6.6	1 798	0.377	0.016	0.017
	16#煤	2.4	—	—	—	—
	粉砂岩(底)	40	1 778	0.358	0.017	0.016

模拟岩层所用的相似材料由几种原材料配制而成,根据相似材料的配比方案和模型框架计算出物理模型各分层的材料用量,详见表 3.2。

表 3.2　物理模型各分层的材料用量

地层	岩性	质量/g							
		细河沙	重晶石粉	滑石粉	氯化石蜡	石膏	水泥	甲基硅油	水
夜郎组	灰岩	148 077	6 165	18 728	9 538	5 467	2 210	4 420	17 681
长兴组	灰岩	146 040	6 785	17 810	9 272	3 562	1 413	4 297	17 188
龙潭组	泥质砂岩	196 484	7 002	21 299	5 454	7 591	3 022	5 601	22 405
	细砂岩	79 552	5 090	10 180	5 153	1 979	785	2 388	9 551
	粉砂岩(顶)	37 437	1 431	4 320	2 346	901	358	1 087	4 349
	粉砂岩(底)	206 275	11 060	33 608	11 060	13 117	5 230	6 516	26 063

3.1.2 模型搭建及岩溶管道设置

确定物理模型各分层的材料用量,准备好各种施工工具后即可制作模型。在模型铺设过程中,采用 2 cm 单层铺设,对于不足 2 cm 厚度的部分,按照实际厚度进行铺设。每层铺设压实后,在其表面均匀地铺撒云母粉以实现层面分层效果。模型的制作步骤如下:

①搭建框架:在试验箱内搭建长 220 cm、宽 20 cm、高 20 cm 的木板,木板搭建顺序始于模型架的底部,逐渐向上延伸,构成封闭空间。

②墨斗画线:为了准确填料 2 cm 单层厚度,在填料之前需在木板内侧每隔 2 cm 用墨斗弹画出一条黑线。不足 2 cm 厚度的,按照实际厚度用墨斗弹画黑线,墨干之后架设木板。

③配料搅拌:称量出模型各分层的材料用量,然后将各种固体原料倒入单卧轴强制式混凝土搅拌机(型号 HJW-60)中进行搅拌均匀,接着加入水及甲基硅油液体原料搅拌均匀。

④填料装模:使用灰桶将搅拌均匀的混合材料倒入模型框架内,然后使用灰刀对填料进行压实,压紧后的高度应符合画线的高度。

⑤煤层铺设:底板岩层铺设完成后,放置预先制作的木条来代替煤层,煤层两侧都留有 30 cm 煤柱。木条的长度、宽度、高度分别是 2 cm、20 cm、2.4 cm。在模拟煤层开采过程中,抽出木条的距离表示煤层开采的距离,煤层开采总长度是 160 cm。

⑥预埋监测设备:在煤层顶板填料过程中,将应力传感器、孔隙水压传感器和电导率传感器预埋在设计的监测点位置。

⑦设置岩溶管道(图 3.1):根据试验条件,使用 100 mm×100 mm×100 mm 正方体水袋代替岩溶管道,并埋设于模型中间长兴组底部,垂直于开采方向。水袋通过硅胶软水管与外界可调节水压供水装置出口相连。通过调节压力开关内部大弹簧与小弹簧的松紧,控制水塔水压为 0.14 MPa,达到岩溶管道水压

与水塔水压一致。当水塔水压不足时,通过外部塑料软管自动供水;水压达到设置水压时,进水自动停止。

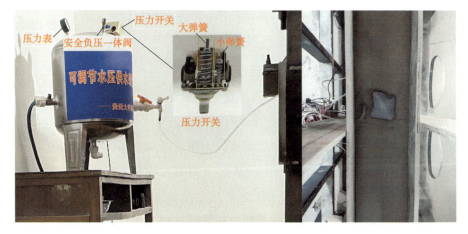

图 3.1　岩溶管道设置及供水

⑧拆模静置:模型制作完成后,为确保模型湿度接近天然状态,在室内静置 2~3 天后拆除木板,拆模板时需注意不要损坏模型。接着,将模型静置 7 天,使其表面水分充分挥发,从而减小对本次试验的影响。同时,对煤层表面进行涂黑,以便于后期开采。

3.1.3　测点布置及数据采集

在煤层开采过程中,需要监测覆岩破坏导致岩溶管道突水过程的相关物理场数据。因此,在模型中分别设置位移监测点、应力监测点、孔隙水压监测点和电导率监测点。

1)位移监测点

为了准确监测煤层开采时顶板岩体的竖向位移变化,沿着模型正面以煤层分界面为基准向上布置位移监测点,共设置 8 条监测线,分别为监测线 1、2、3、4、5、6、7 和 8,分别位于龙潭组 16#煤层顶部 10 cm、20 cm、30 cm、40 cm、50 cm、60 cm、70 cm 和 80 cm 处。每条监测线上布置 9 个监测点,监测点左侧与右侧均距离模型边界 30 cm,监测点之间的水平间距为 20 cm,共设置 72 个监测点。接着,按照顺序为每个监测点贴上内径 6 mm、外径 10 mm 的高反光标志点,并使用 RTS352R6 全站仪来观测煤层顶板各监测点位移变化,首先进行初始竖向位移监测,为模型每步开挖后监测竖向位移变化做准备。

2)应力、孔隙水压、电导率监测点

在煤层顶板布置相关监测点,遵循以重点部位为主的原则。在煤层顶板 10.6 cm 处布置 6 个监测点 A1—A6,并在岩溶管道附近布置 4 个监测点 B1—B4,以监测煤层开采中顶板与岩溶管道附近岩体的应力变化情况。此外,选取煤层与岩溶管道之间岩体的 10 个监测点作为重点监测点,其中监测点 C1—C6 用于监测孔隙水压变化,监测点 D1—D4 用于监测电导率变化。在模型的指定位置预埋相对应的应力传感器(土压力盒)、孔隙水压传感器和电导率传感器。其中,应力传感器和孔隙水压传感器通过传输线连接到多通道在线监测分析系统(DH5972N),并在 DHDAS 动态信号采集分析系统中记录相关监测数据,如图 3.2 所示;电导率传感器通过传输线连接到计算机,并在友善串口软件中记录电导率监测数据,如图 3.3 所示。在模拟煤层开采之前,对预埋的所有传感器进行清零平衡,使所有传感器都处在相同的初始状态。监测方案的设计简图如图 3.4 所示,物理模型试验的应力监测点、孔隙水压监测点和电导率监测点坐标详见表 3.3。

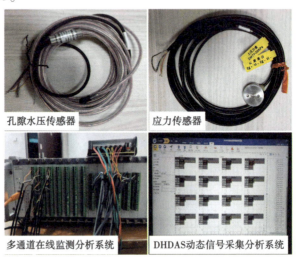

图 3.2　应力和孔隙水压监测仪器及数据采集

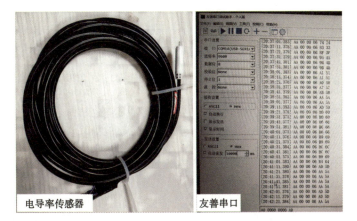

图 3.3 电导率监测仪器及数据采集

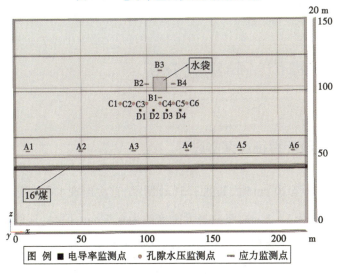

图 3.4 物理模型监测方案设计简图

表 3.3 物理模型试验应力监测点、孔隙水压监测点和电导率监测点坐标

	A1	A2	A3	A4	A5	A6
应力监测点	(10,10,53)	(50,10,53)	(90,10,53)	(130,10,53)	(170,10,53)	(210,10,53)
	B1	B2	B3	B4	—	—
	(110,10,92)	(100,10,102)	(110,10,112)	(120,10,102)	—	—
孔隙水压监测点	C1	C2	C3	C4	C5	C6
	(80,10,88)	(90,10,88)	(100,10,88)	(110,10,88)	(120,10,88)	(130,10,88)
电导率监测点	D1	D2	D3	D4	—	—
	(95,10,83)	(105,10,83)	(115,10,83)	(125,10,83)	—	—

3.1.4 煤层开采方案

①模型的高度不足以完全模拟全部的埋深,因此,需要在模型的上方放置约为 225 kg 重物,以补偿未模拟地层的自重应力 5.02 kPa。

②煤层采用抽采的处理方法,在左侧 30 cm 保护煤柱处设开切眼,沿煤柱方向从左到右,每隔 0.5 h 抽取一块长为 2 cm 木条,一共抽取 80 块木条,在右侧 30 cm 保护煤柱处设停采线。

③煤层分步开采过程中,在每一步开采前和结束后分别观测煤层顶板覆岩垮落及裂隙发育情况。

3.2 物理模拟试验结果分析

3.2.1 覆岩破坏特征及突水过程

当煤层开采至 20 cm 时,如图 3.5(a)所示,首次出现水平裂隙,发育于顶板 6.1 cm 处,长度为 18.5 cm,竖向最大宽度约为 0.5 mm;同时,顶板 6.8 cm 处发育水平细微裂隙。当煤层开采至 40 cm 时,如图 3.5(b)所示,顶板 6.1 cm 处的水平裂隙向两端水平延伸,长度达到 33.4 cm,并呈现下沉弯曲现象,竖向最大宽度为 3.4 mm;顶板 6.8 cm 处水平裂隙延伸为 10.9 cm,并向开切眼侧扩张发育。当煤层开采至 60 cm 时,如图 3.5(c)所示,顶板 6.1 cm 处的水平裂隙扩张到开切眼处,并初始垮落到煤层采空区。同时,新的水平裂隙发育于顶板 9.8 cm 处,长度为 22.8 cm,竖向最大宽度为 1.6 mm。当煤层开采至 80 cm 时,如图 3.5(d)所示,顶板岩体二次垮落,垮落高度为 9.8 cm;同时,新的水平裂隙发育于顶板 15.2 cm 处,长度为 28.2 cm,竖向最大宽度为 1 mm;伴有细微裂隙发育。当煤层开采至 100 cm 时,如图 3.5(e)所示,煤层顶板 15.9 cm 处发生垮落,其范围较大,水平长度为 65.2 cm。当煤层开采至 110 cm 时,如图 3.5(f)所示,垮落带上方发育竖向裂隙,长度约为 3.9 cm,水平最大宽度为 1.6 mm。当煤层开采至 120 cm 时,如图 3.5(g)所示,竖向裂隙向上延伸为 33.8 cm,增长幅度较大但发育不完整;同时,水平细微裂隙发育于顶板 38.4 cm 处,其水平长度为 31.4 cm。当煤层开采至 130 cm 时,如图 3.5(h)所示,原有层间水平裂隙长度发育为 44.1 cm,竖向裂隙向上延伸为 38.9 cm,达到长兴组岩溶管道底部,水平宽度扩至 9 mm。

（a）开采至 20 cm 时的形态　　　（b）开采至 40 cm 时的形态

（c）开采至 60 cm 时的形态　　　（d）开采至 80 cm 时的形态

（e）开采至 100 cm 时的形态　　　（f）开采至 110 cm 时的形态

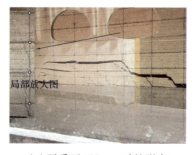

(g)开采至 120 cm 时的形态　　　　(h)开采至 130 cm 时的形态

图 3.5　煤层开采顶板覆岩运动形态

当煤层开采至 130 cm 时,如图 3.6(a)所示,岩溶管道底部附近开始出现水滴。当煤层开采至 140 cm 时,如图 3.6(b)所示,开采过程中岩溶管道底部围岩发生破坏并突水,水量逐渐增大且形成线状水流,水浑浊并带有少量细河沙。由于水沿着竖向裂隙内部流向采空区,靠近竖向裂隙左侧底部的小部分岩层被冲垮。当煤层开采至 150 cm 时,如图 3.6(c)所示,水沿着竖向裂隙内部流向采空区,靠近竖向裂隙右侧底部的小部分岩层被冲垮,部分水沿着裂隙表面流出。当煤层开采至 160 cm 时,如图 3.6(d)所示,顶板形态稳定,原有层间水平裂隙宽度发生闭合,岩溶管道突水停止。

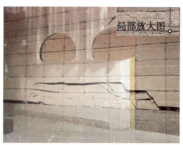

(a)开采至 130 cm 时的形态　　　　(b)开采至 140 cm 时的形态

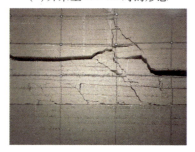

(c)开采至 150 cm 时的形态　　　　(d)开采至 160 cm 时的形态

图 3.6　岩溶管道突水演化阶段

通过分析煤层开采过程,得到开采扰动引起顶板覆岩破坏,垮落带高度为 15.9 cm,导水裂隙带高度为 38.9 cm,形成的竖向裂隙延伸到岩溶管道底部,导通管道,从而引发突水。其中,垮落带范围与开采工作面底角成 45° 左右,垮落带高度范围随开采工作面向前推进,呈现"马鞍"形。

3.2.2 竖向位移变化特征

对煤层顶板各监测线上的监测点的位移变化情况进行统计,结果如图 3.7 所示。

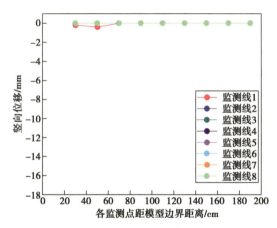

(a)开采至 20 cm 时监测线竖向位移

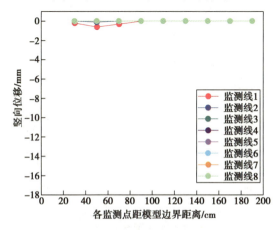

(b)开采至 40 cm 时监测线竖向位移

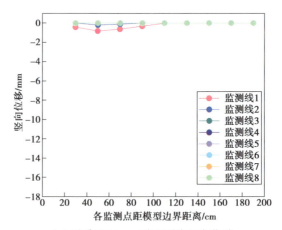

（c）开采至 60 cm 时监测线竖向位移

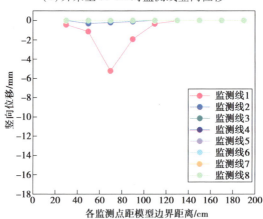

（d）开采至 80 cm 时监测线竖向位移

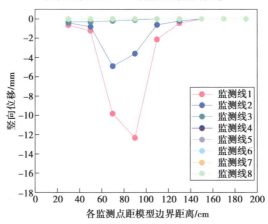

（e）开采至 100 cm 时监测线竖向位移

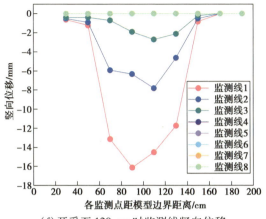

（f）开采至 120 cm 时监测线竖向位移

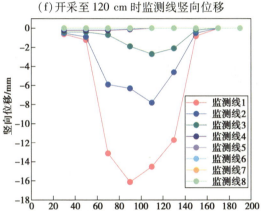

（g）开采至 140 cm 时监测线竖向位移

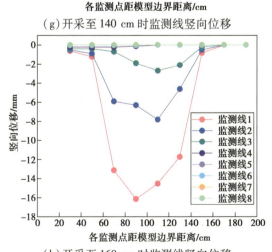

（h）开采至 160 cm 时监测线竖向位移

图 3.7　煤层开采过程中各监测线竖向位移变化

由图 3.7 可知,在煤层开采至 60 cm 之前,如图 3.7(a)—(c)所示,开采扰动对监测点的竖向位移影响相对较小。当煤层开采至 80 cm 时,如图 3.7(d)所示,只有离顶板 10 cm 处的监测线 1 出现局部下沉,下沉量为 5.2 mm。当煤层开采至 100 cm 时,如图 3.7(e)所示,监测线 1 和 2 的竖向位移变化明显,均出现下沉现象,下沉量分别为 12.3 mm 和 4.9 mm。当煤层开采至 120 cm 时,如图 3.7(f)所示,监测线 1、2、3 的竖向位移变化高度达到最大,监测线 1 最大下沉量为 16.1 mm,相当于实际下降 1.61 m,监测线 2 最大下沉量为 7.2 mm,相当于实际下降 0.72 m,监测线 3 最大下沉量为 2.7 mm,相当于实际下降 0.27 m。当煤层开采至 140 cm 时,如图 3.7(g)所示,监测线 4 部分监测点发生下沉,监测线 4 最大下沉量为 0.2 mm,相当于实际下降 0.02 m。当煤层开采至 160 cm 时,如图 3.7(h)所示,未观察到监测线上的监测点发生竖向位移变化。在煤层开采过程中,顶板部分覆岩经历连续下沉;煤层开采结束后,竖向位移变化呈现为近似"U"形。从模型开切眼至停采线,竖向位移的变化呈现出先增大后减小的规律,其中,在靠近开切眼侧模型中间监测点的竖向位移变化最大。

当开采工作面距离监测点较远时,开采扰动对该监测点的竖向位移影响较小。当开采工作面推进到监测点时,顶板覆岩向下运动,推进距离越靠近监测点,位移变化越明显;随着开采工作面远离监测点,竖向位移趋于稳定。因为顶板岩体的垮落,采空区堆积垮落的岩石逐步被压实,对上覆顶板未垮落的岩层起到支撑作用,未垮落岩体的整体结构基本未受到破坏;同时,竖向裂隙逐渐向上延伸,岩层所处深度变小,竖向位移变化也随之减小,变化高度基本保持不变。在突水通道发育至岩溶管道突水的过程中,采空区顶部岩体下沉量变化明显,监测线 1、2、3 上监测点的最大竖向位移量分别增加了 12.4 mm、7.2 mm、2.7 mm。岩溶管道突水发生时,竖向位移未发生改变,说明岩溶管道突水未对竖向位移产生明显影响。因此,采空区顶部竖向位移量增加具有一定的超前性,是预测岩溶管道突水的良好指标。

3.2.3　竖向应力变化特征

对煤层开采过程中土压力盒采集的数据进行统计分析,顶板竖向应力变化结果如图 3.8 所示,岩溶管道围岩竖向应力变化结果如图 3.9 所示。

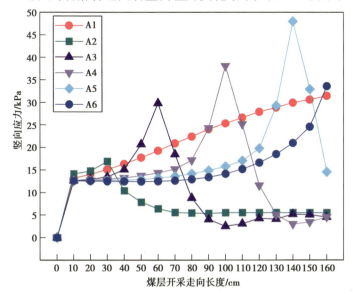

图 3.8　煤层顶板竖向应力变化

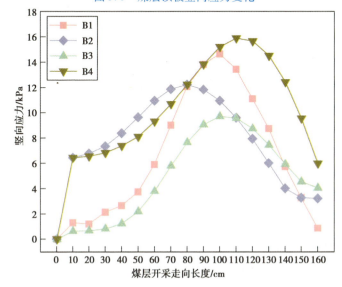

图 3.9　岩溶管道围岩竖向应力变化

由图 3.8 可知,在煤层开采过程中,煤柱上方监测点 A1 和 A6 的竖向应力持续增大,煤柱出现应力集中现象。其中,靠近开切眼的监测点 A1 的竖向应力随开采步数逐渐增大,最大值为 31.47 kPa,靠近停采线的监测点 A6 的竖向应力先缓慢后快速增大,最大值为 33.62 kPa。随着煤层的逐步开采,顶板对应监测点 A2、A3、A4、A5 的竖向应力变化规律呈现出相同趋势,整体上先增大后减小最后趋于平稳。选取监测点 A3 进行详细分析,当开采工作面的推进距离为 0 ~ 60 cm 时,竖向应力呈现增大趋势,增加至最大值为 29.83 kPa,这主要是因为煤层开采使采空区顶板围岩卸荷,竖向应力集中于采空区两侧未开采岩体。当开采工作面的推进距离为 60 ~ 100 cm 时,竖向应力呈现减小趋势,减小至2.52 kPa,这主要是由于开采过后竖向应力突然释放。当开采工作面的推进距离为 100 ~ 160 cm 时,竖向应力呈现平稳趋势,这主要是因为竖向应力释放后出现慢慢恢复的过程,且采空区内垮落的岩石被压实,起到支撑作用。监测点 A2、A4、A5 对应的竖向应力最大值分别为 16.93 kPa、38.10 kPa 和 48.02 kPa。

由图 3.9 可知,随着开采工作面的逐步推进,岩溶管道附近岩体的监测点 B1、B2、B3、B4 的竖向应力整体上呈现出先增大后减小的趋势。其中,水平方向监测点 B2 和 B4 的竖向应力最大值分别为 12.23 kPa 和 15.88 kPa。当煤层开采至 100 cm 之前,岩溶管道底部监测点 B1 的竖向应力从 0 kPa 增加到 14.64 kPa,顶部监测点 B3 的竖向应力从 0 kPa 增加到 9.71 kPa,呈现出大幅度的增加。当煤层开采至 110 cm 时(岩溶管道正下方),监测点 B1 和 B3 的竖向应力缓慢下降,分别下降至 13.44 kPa 和 9.56 kPa,这是因为有竖向裂隙向上发育(图 3.5)。当煤层开采至 120 ~ 130 cm 后,监测点 B1 和 B3 的竖向应力呈现出较大幅度的下降,分别下降至 8.75 kPa 和 7.45 kPa,这主要是由于岩溶管道底部竖向裂隙快速延伸至岩溶管道底部。当煤层开采至 140 cm 时,竖向裂隙导通岩溶管道引发突水,监测点 B1 和 B3 的竖向应力呈现出大幅度的下降,分别下降至5.74 kPa 和 5.93 kPa。岩溶管道突水之前,岩溶管道顶、底部的竖向应力都大幅度下降;岩溶管道顶、底部的竖向应力变化具有超前性,是预测岩溶管道突水的良好指标。

3.2.4　孔隙水压变化特征

由于孔隙水压的变化是岩溶管道内的水通过裂隙进入围岩造成的,所以当水未到达区域时,其孔隙水压不会发生变化。本试验中导水裂隙仅发育至 C3 和 C4 监测点处(图 3.5),因此,在煤层开采过程中,仅对 C3 和 C4 监测点的采集数据进行统计分析,结果如图 3.10 所示。

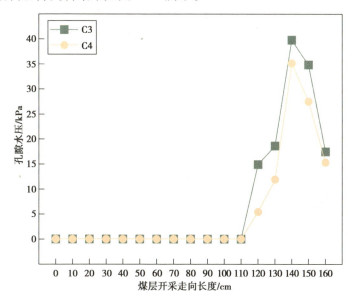

图 3.10　煤层开采围岩孔隙水压变化

由图 3.10 可知,煤层开采至 110 cm 之前,孔隙水压无变化,因为开采之前对孔隙水压传感器进行平衡清零,使所有的孔隙水压传感器处于相同的原始环境。当开采至 120 cm 时,孔隙水压出现上升,监测点 C3 和 C4 的值分别为 14.89 kPa 和 5.37 kPa,因为竖向裂隙逐渐向上延伸,水袋中的水沿着裂隙内部缓慢渗流。当开采至 140 cm 时,岩溶管道突水,孔隙水压快速上升至最大,监测点 C3 和 C4 的最大值分别为 39.79 kPa 和 35.09 kPa,因为裂隙中的水量逐渐增大,且水流冲出裂隙中的相似材料,裂隙扩宽。当开采至 150 cm 和 160 cm 时,孔隙水压变小,因为岩溶管道底部表面围岩受到破坏,一部分水呈线状从岩层表面不同方向流出。煤层开采顶板岩溶管道突水具有滞后性,因此,孔隙水压突然上升是反映岩溶管道突水的良好指标。

3.2.5 电导率变化特征

由于电导率的变化是岩溶管道内的水通过裂隙进入围岩造成的,所以当水未到达区域时,其电导率不会发生变化。本试验中导水裂隙仅发育至 D2 和 D3 监测点处(图 3.5),因此,在煤层开采过程中,仅对 D2 和 D3 监测点的采集数据进行统计分析,其结果如图 3.11 所示。

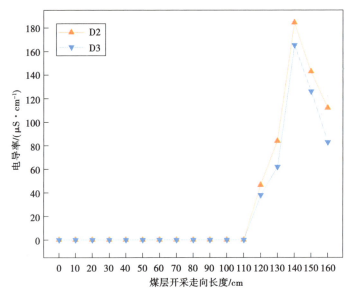

图 3.11 煤层开采围岩电导率变化

由图 3.11 可知,煤层开采至 110 cm 之前,电导率无变化,因为开采之前对电导率传感器进行了平衡清零。当煤层开采至 120 cm 时,电导率增大,监测点 D2 和 D3 的值分别为 46.64 μS/cm 和 38.16 μS/cm,因为竖向裂隙向上延伸至岩溶管道底部,少量水沿竖向裂隙内部向下渗流。当煤层开采至 140 cm 时,电导率增加到最大,监测点 D2 和 D3 的值分别为 184.44 μS/cm 和 165.36 μS/cm,因为水从点滴到线流,且水中含有较多的相似材料成分,导致电导率达到最大。当煤层开采至 150 cm 和 160 cm 时,电导率下降,因为水流冲刷作用,裂隙扩宽,水流夹杂相似材料成分减少。这再次证明了煤层开采顶板岩溶管道突水具有滞后性,因此,电导率突然增大是反映岩溶管道突水的良好指标。

3.3　本章小结

①在相似材料研制的基础上,通过搭建模型、填料装模、铺设煤层、预埋监测设备、设置岩溶管道、布置监测点和模拟煤层开采,开展岩溶管道突水流固耦合物理模型试验。当煤层开采至 20 cm 时,在采空区顶部 6.1 cm 处首次发育长度为 18.5 cm 的水平裂隙。当煤层开采至 60 cm 时,岩体初始垮落到采空区,垮落高度为 6.1 cm。当煤层开采至 80 cm 时,顶板岩体二次垮落,垮落高度为 9.8 cm。当煤层开采至 100 cm 时,煤层顶板 15.9 cm 处发生垮落,其范围较大,水平长度为 65.2 cm。当煤层开采至 110 cm 时,垮落带上方发育竖向裂隙,且长度约为 3.9 cm,水平最大宽度为 1.6 mm。当煤层开采至 130 cm 时,竖向裂隙向上延伸至长兴组岩溶管道底部,长度为 38.9 cm,水平宽度扩大至 9 mm,岩溶管道底部附近出现水滴。当煤层开采至 140~160 cm 时,岩溶管道发生突水,水流沿着竖向裂隙内部流向采空区,竖向裂隙底部的少部分岩层被冲垮。

②当煤层开采至 60 cm 之前,开采扰动对监测点的竖向位移影响较小。当煤层开采至 80 cm 时,监测线 1 出现局部下沉,下沉量为 5.2 mm。当煤层开采至 100 cm 时,监测线 1 和 2 的竖向位移变化明显,下沉量分别为 12.3 mm 和 4.9 mm。当煤层开采至 120 cm 时,监测线 1、2、3 的竖向位移变化高度达到最大,最大下沉量分别为 16.1 mm、7.2 mm、2.7 mm。当煤层开采至 140 cm 时,监测线 4 部分监测点发生下沉,下沉量为 0.2 mm。当煤层开采至 160 cm 时,未观察到监测线上的监测点竖向位移变化。突水通道发育至岩溶管道突水的过程中,采空区顶部岩体下沉量变化明显,监测线 1、2、3 上监测点的最大竖向位移量分别增加了 12.4 mm、7.2 mm、2.7 mm;采空区顶部竖向位移量增加具有一定的超前

性,是预测岩溶管道突水的良好指标。

③在煤层开采过程中,煤柱上方监测点 A1 和 A6 的竖向应力持续增大,最大值分别为 31.47 kPa 和 33.62 kPa。随着煤层逐步开采,顶板对应监测点 A2、A3、A4、A5 的竖向应力整体上呈现出先增大后减小最后趋于平稳的演变规律;其监测点 A2、A3、A4、A5 的竖向应力最大值分别为 16.93 kPa、29.83 kPa、38.10 kPa 和 48.02 kPa。随着开采工作面的逐步推进,岩溶管道附近岩体监测点 B1、B2、B3、B4 的竖向应力整体上呈现出先增大后减小的演变规律。其监测点 B1、B2、B3、B4 的竖向应力最大值分别为 14.64 kPa、12.23 kPa、9.71 kPa、15.88 kPa。突水通道发育至岩溶管道突水的过程中,岩溶管道底部监测点 B1 与 B3 的竖向应力呈现大幅度下降,分别下降至 8.75 kPa 和 7.45 kPa;岩溶管道顶、底部的竖向应力下降具有超前性,是预测岩溶管道突水的良好指标。

④当煤层开采至 110 cm 之前,孔隙水压与电导率无变化。当开采至 120 cm 时,孔隙水压与电导率上升,孔隙水压监测点 C3 和 C4 的值分别为 14.89 kPa 和 5.37 kPa,电导率监测点 D2 和 D3 的值分别为 46.64 μS/cm 和 38.16 μS/cm。当开采至 140 cm 时,孔隙水压与电导率快速上升至最大,监测点 C3 和 C4 的最大值分别为 39.79 kPa 和 35.09 kPa,监测点 D2 和 D3 的最大值分别为 184.44 μS/cm 和 165.36 μS/cm。当开采至 150 cm 和 160 cm 时,孔隙水压与电导率下降。在岩溶管道突水之前,孔隙水压和电导率出现明显增大,孔隙水压与电导率的变化具有超前性,是预测岩溶管道突水的良好指标。

第4章 岩溶管道突水多场耦合数值模拟及影响因素分析

为了验证岩溶管道突水流固耦合物理模型试验结果的准确性,本章运用 COMSOL Multiphysics 软件,研究煤层开采导致顶板覆岩破坏引起的岩溶管道突水演变规律。

4.1 软件介绍

COMSOL Multiphysics 软件(简称 COMSOL)被应用于固体力学、流体力学、多孔介质等领域,是一款功能全面、灵活易用且具有高度可定制性的多物理场仿真软件。总的来说,COMSOL 具有以下特点:

①多物理场模拟耦合:合理组合所需的偏微分方程,从而达到所需要的物理场耦合计算和分析。

②强大的建模和模拟工具:COMSOL 提供了丰富的建模和模拟工具,包括几何建模、网格生成、物理场设置、材料属性、边界条件定义等。用户可以通过图形界面或命令行界面进行建模和模拟操作。

③多尺度建模能力:COMSOL 支持多尺度建模,可以在不同的空间和时间尺度上进行模拟。

④巨大的模型库:COMSOL 拥有巨大且专业的模型库,用户可以选择预定义的模型进行快速建模,并根据需要进行修改和定制。

⑤用户自定义性:COMSOL 提供了自定义的模块开发接口,用户可以开发特定的需求模型、物理场和边界条件。

⑥多种求解器和并行计算能力:COMSOL 提供了多种求解器,包括有限元方法、有限体积法、有限差分法等,用户可以根据问题的特点选择最合适的求解器。COMSOL 具有强大的并行计算能力,可以利用多核 CPU 和 GPU 进行并行计算,加速求解速度,提高仿真效率。

⑦可视化和后处理功能:COMSOL 具有强大的可视化和后处理功能,用户可以对仿真结果进行直观的展示和分析,包括图表、动画、数据、截面视图等。

4.2　多场耦合数值模型的建立

4.2.1　模型假设

鉴于 21606 工作面的岩体及其构造的复杂性,数值模型不可能考虑到所有因素。因此,对本次流固耦合数值模拟计算进行一些假设。

①假设同一岩层是各向同性的连续多孔介质,且忽略不同岩层间的效应。

②岩体的原始应力场不考虑区域构造应力,仅考虑自重应力。

③忽略温度变化引起的介质变形。

④煤层开采前地层岩体不存在节理或裂隙。

4.2.2　理论方程

本章采用 COMSOL 对固体力学、达西定律、Brinkman 方程进行耦合求解。

1)固体力学

模型的固体力学平衡微分方程为:

$$\begin{cases} \dfrac{\partial \sigma_x}{\partial x} + \dfrac{\partial \tau_{yx}}{\partial y} + \dfrac{\partial \tau_{zx}}{\partial z} = -Fx \\[3mm] \dfrac{\partial \tau_{xy}}{\partial x} + \dfrac{\partial \sigma_y}{\partial y} + \dfrac{\partial \tau_{xy}}{\partial z} = -Fy \\[3mm] \dfrac{\partial \tau_{xz}}{\partial x} + \dfrac{\partial \tau_{yz}}{\partial y} + \dfrac{\partial \sigma_z}{\partial z} = -Fz \end{cases} \quad (4.1)$$

式(4.1)在 COMSOL 中被表述为:

$$\nabla \cdot \sigma = -F \quad\quad (4.2)$$

式中,F 是体积力,MPa;F_x、F_y、F_z 分别为 x、y、z 轴上的体积分力,MPa;τ、σ 分别为不同方向的剪应力、正应力,MPa。

2）流动方程

模型的达西定律方程为:

$$\{v\} = -[K]\{J\} \quad\quad (4.3)$$

$$[K] = \begin{bmatrix} K_{xx} & K_{xy} \\ K_{yx} & K_{yy} \end{bmatrix} \quad\quad (4.4)$$

$$\{J\} = \begin{Bmatrix} J_x \\ J_y \end{Bmatrix} = \begin{Bmatrix} \dfrac{\partial H}{\partial x} \\[3mm] \dfrac{\partial H}{\partial y} \end{Bmatrix} = \begin{Bmatrix} \dfrac{\partial}{\partial x}\left(\dfrac{p}{r_w} + y\right) \\[3mm] \dfrac{\partial}{\partial y}\left(\dfrac{p}{r_w} + y\right) \end{Bmatrix} \quad\quad (4.5)$$

式中,J 是水力梯度,Pa/m;p 是渗流水压力,MPa;r_w 是水的密度,kg/m^3。

式(4.5)在 COMSOL 中被表述为:

$$\nabla \cdot \left[-\dfrac{K}{\mu}\nabla p \right] = 0 \quad\quad (4.6)$$

式中,K 是渗透系数。

在煤层开采过程中,岩溶管道与工作面推进端之间的岩体出现裂隙破碎并相互贯通,形成突水路径,岩溶管道中的水通过围岩破碎带进入采空区,引发煤层突水。然而,流体在围岩破碎带中的流动不可忽视剪切力作用导致的流体能

量消耗。Brinkman 方程涉及流体的剪切应力,用来描述水流在围岩破碎带的运动状态。Brinkman 方程如下:

$$\begin{cases} \dfrac{\eta}{k} \cdot u = \nabla \cdot \left(-pI + \dfrac{\eta}{\varepsilon_p} (\nabla u + (\nabla u)^{\mathrm{T}}) \right) - \dfrac{\rho \varepsilon_p C_f}{\sqrt{k}} u |u| \\ \nabla \cdot u = 0 \end{cases} \tag{4.7}$$

$$C_f = \frac{1.75}{\sqrt{150 \varepsilon_p^3}} \tag{4.8}$$

$$\beta_F = \frac{\rho \varepsilon_p C_f}{\sqrt{k}} \tag{4.9}$$

式中,u 是流体流速,m/s;k 是渗透率,m^2;ρ 是流体密度,kg/m^3;p 是流体压力,MPa;η 是动力黏滞系数;β_F 是 Forchheimer 曳力参数;I 是单位矩阵;ε_p 是孔隙率;C_f 是摩擦系数。

通过上述分析得到本模型的流固耦合数值模拟方程为:

$$F = -\nabla p \tag{4.10}$$

式中,F 是体积力,MPa;p 是渗流水压力,MPa。

4.2.3 模型构建

本章以青龙煤矿 21606 工作面的地层岩性及相关力学参数为建模参数,建立煤层开采多场耦合数值模型。

(1)模型尺寸:设置数值模型的 X 方向长度为 220 m,Y 方向宽度为 20 m,Z 方向高度为 150 m,模型左右两侧各留设 30 m 保护煤柱。岩溶管道被简化为圆柱体,近似垂直于煤层开采方向,岩溶管道的半径为 5 m,长度为 14 m,位于长兴组底部。

(2)地层划分:根据相关地质资料,对模型的各岩层进行概化,从上到下按照 Z 方向划分为 8 层,分别为第四系砂质黏土,夜郎组灰岩,长兴组灰岩,龙潭组泥质砂岩、细砂岩、粉砂岩(顶)、16#煤、粉砂岩(底)。其中,龙潭组 16# 煤层平均采厚为 2.4 m,煤层倾角为 5°,属于缓倾斜煤层。为了更符合生产实际,本次建模煤层及各地层倾角均设为 5°。建立的数值模型如图 4.1 所示。

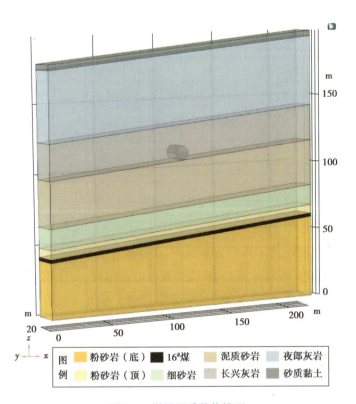

图 4.1 煤层开采数值模型

（3）参数设置：根据岩层物理力学测试资料及部分《工程地质手册》中的经验值，设置本模型中各煤岩层的物理力学参数，见表 4.1。

表 4.1 煤岩层相关物理力学参数

地层岩性	厚度 /m	密度 /(kg·m⁻³)	抗拉强度 /MPa	弹性模量 /GPa	泊松比	内摩擦角 /(°)	黏聚力 /MPa	孔隙率
第四系砂质黏土	4.1	2 690	1.12	10.73	0.30	18.0	0.26	0.01
夜郎组灰岩	51	2 710	3.10	31.97	0.26	39.9	6.50	0.25
长兴组灰岩	26.1	2 695	3.45	31.38	0.24	41.1	6.60	0.35

续表

地层岩性		厚度/m	密度/(kg·m⁻³)	抗拉强度/MPa	弹性模量/GPa	泊松比	内摩擦角/(°)	黏聚力/MPa	孔隙率
龙潭组	泥质砂岩	33.5	2 730	3.14	11.78	0.24	36.8	3.20	0.22
	细砂岩	14.7	2 660	2.60	23.15	0.21	39.9	2.40	0.20
	粉砂岩（顶）	6.6	2 697	2.35	18.99	0.19	41.6	2.50	0.19
	16#煤	2.4	1 600	0.37	18.19	0.12	22.57	0.83	0.24
	粉砂岩（底）	40	2 667	2.56	19.65	0.22	40.8	2.40	0.19

（4）监测点设置：为了评估龙潭组 16#煤开采过程中由顶板覆岩破坏引起岩溶管道突水的过程，需对龙潭组 16#煤顶板岩层的应力、位移和孔隙水压的变化情况进行监测。因此，在距龙潭组 16#煤层顶部 5 m 处布置 6 个监测点（A1—A6），岩溶管道附近布置 4 个监测点（B1—B4），用来研究竖向位移与竖向应力的变化。在煤层顶板与岩溶管道之间的隔水岩体布置 4 个监测点（C1—C4），用来研究孔隙水压的变化。数值模拟监测点布置情况如图 4.2 所示。

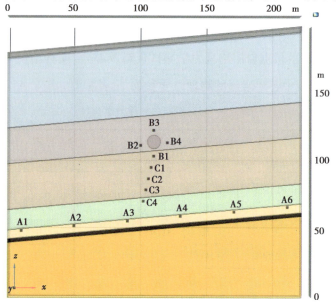

图 4.2　监测点布置情况

(5)条件设置:煤层开采岩溶管道突水是开采扰动产生的应力与岩溶管道水压相互作用造成的,属于流固耦合过程。因此,本次模拟需要设置两种不同的边界条件。

(6)固体力学边界条件:模型顶部与开采煤层为自由边界,模型底部为全约束边界,模型 Y 方向为对称边界,模型 X 方向为棍支撑边界。

(7)渗流边界条件:岩溶管道的外壁为透水边界,管道内水压为 2.3 MPa,采空区为出口,水压为 0 Pa;动力黏滞系数为 1×10^{-3} Pa·s,流体密度为 1 000 kg/m^3,渗透率为 5×10^{-10} m^2,各岩层的孔隙率来源于材料。

(8)网格划分:应用自由四面体网格对计算模型进行划分。具体而言,长兴组灰岩,龙潭组 16# 煤、粉砂岩(顶)、细砂岩、泥质砂岩地层采用细化网格;龙潭组粉砂岩(底)、夜郎组灰岩、第四系砂质黏土地层采用常规网格,从而实现重点研究区域精准计算。整个模型经过网格划分后总计包含 17 033 个域单元、5 526 个边界单元和716 个边单元,其结果如图 4.3 所示。

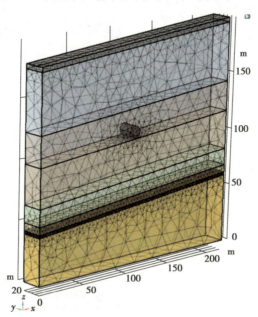

图 4.3　网格划分结果

（9）开采模拟:通过参数化扫描实现对龙潭组 16# 煤的逐步开采,从模型左边界 30 m 处(保护煤柱)开采,每次开采 10 m,总共进行 12 次,总开采距离为 120 m。在煤层开采过程中,采用稳态计算进行求解,软件会自动对计算结果的相对误差进行统计,其相对容差为 0.001。当达到该条件时,计算结果收敛,然后进行下一步开采。

4.3　多场耦合数值模拟结果及分析

4.3.1　煤层开采顶板塑性区变化特征

为探究煤层开采对顶板围岩的破坏情况,选择其中 8 个开采步数的表面云图,研究开采不同阶段的顶板围岩等效塑性区变化情况,其结果如图 4.4 所示。

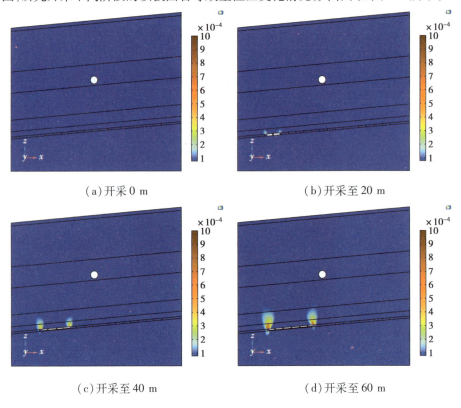

(a)开采 0 m   (b)开采至 20 m

(c)开采至 40 m   (d)开采至 60 m

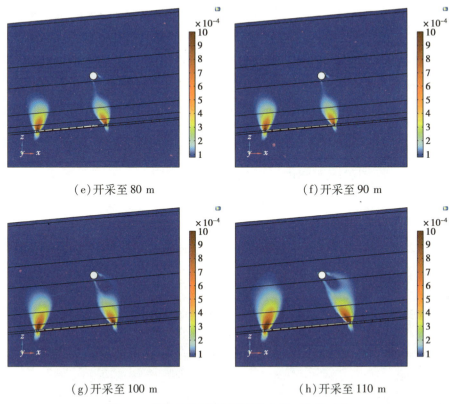

（e）开采至 80 m　　　　　　　　　（f）开采至 90 m

（g）开采至 100 m　　　　　　　　（h）开采至 110 m

图 4.4　煤层开采顶板围岩等效塑性区变化云图

由图 4.4 可知，随着煤层的开采，工作面推进端顶部的等效塑性区从下往上延伸，并与岩溶管道塑性破坏区相连。同时，煤层开采两端底部出现塑性破坏，相对于顶部较小。这主要是因为煤层开采形成采空区，其上临空面的竖向应力释放，主要集中在采空区两端，导致两端塑性区逐渐扩展。当煤层尚未开采时，如图 4.4（a）所示，此时围岩均处于原始平衡状态，并未发生塑性破坏。当煤层开采至 20 m 时，如图 4.4（b）所示，顶板发生塑性破坏，其顶板塑性区最大高度为 5.94 m。当煤层开采至 40 m 时，如图 4.4（c）所示，顶板塑性区最大高度扩展至 16.71 m，底板也发生塑性破坏，其底板塑性区高度为 4.76 m。当煤层开采至 60 m 时，如图 4.4（d）所示，顶板塑性区最大高度扩展至 33.62 m，底板塑性区最大高度扩展至 8.22 m。当煤层开采至 80 m 时，如图 4.4（e）所示，顶板塑性区最大高度扩展至 40.11 m，底板塑性区最大高度扩展至 9.28 m，岩溶管道附近发生塑性破坏。当煤层开采至 90 m 时，如图 4.4（f）所示，顶板塑性区与岩溶管道西南方向塑性区相连,其塑性破坏高度为 55.94 m,底板塑性区最大高度扩展至 11.47 m,岩溶管道东北方向发育塑性区向下延伸。当煤层开采至 100 m 时,如图 4.4(g)所示,顶板塑性区与岩溶管道东北方向塑性区相连,其塑性破坏高度为 63.16 m,底板塑性区最大高度扩展至 12.72 m。当煤层开采至 110 m 时,如图 4.4(h)所示,顶板塑性区与岩溶管道塑性区贯通,底板塑性区最大高度扩展至 12.83 m。

4.3.2 煤层开采顶板竖向位移变化特征

随着开采工作面的推进,顶板围岩会发生变形和向下位移,选取 8 个开采步数的表面云图,对煤层开采过程中围岩的竖向位移变化情况进行分析,其结果如图 4.5 所示。

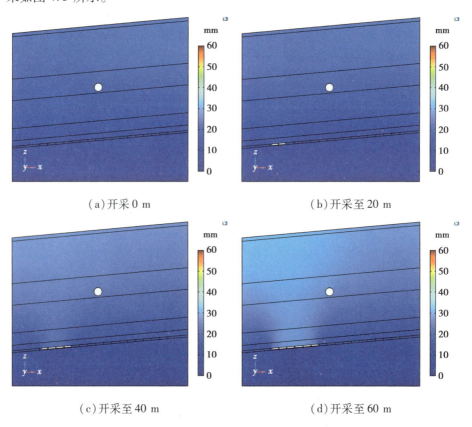

(a)开采 0 m

(b)开采至 20 m

(c)开采至 40 m

(d)开采至 60 m

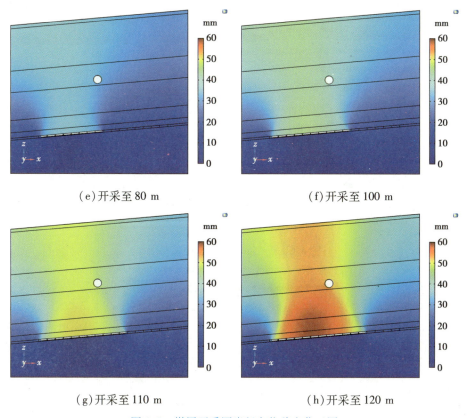

（e）开采至 80 m　　　　　　　　　　（f）开采至 100 m

（g）开采至 110 m　　　　　　　　　　（h）开采至 120 m

图 4.5　煤层开采围岩竖向位移变化云图

由图 4.5 可知，随着煤层的开采，工作面推进到采空区范围内，顶板岩体发生向下位移，且越靠近采空区中间位置的岩层下沉越大。这主要是因为煤层开采形成采空区，其顶部岩体缺少支撑，并在自身重力作用下发生下沉，且越靠近采空区，下沉量越大。当尚未开始开采时，如图 4.5（a）所示，各岩层均未发生变形，位移量为 0。当煤层开采至 60 m 时，如图 4.5（b）—（d）所示，采空区顶板开始发生位移，并且位移范围逐渐增大，但整体位移量均较小。当煤层开采至 80 m 后，如图 4.5（e）—（g）所示，采空区范围内顶板的位移量继续增大，并且发育至地面。当煤层开采至 120 m 时，如图 4.5（h）所示，此时顶板的位移量达最大，且越靠近采空区中部，围岩位移量越大，靠近未采区的围岩位移量较小。

此外，对位移监测点的数据进行统计分析。其中，煤层顶部监测点位移变化情况如图 4.6 所示，岩溶管道附近监测点位移变化情况如图 4.7 所示。

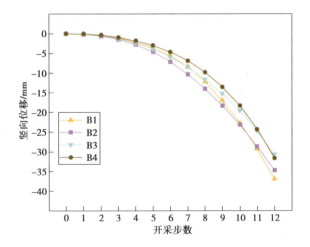

图4.6 煤层顶部监测点位移变化

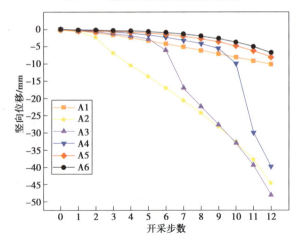

图4.7 岩溶管道附近监测点位移变化

由图4.6可知,随着开采工作面的推进,顶板围岩的竖向位移表现出先保持平稳后快速增大的趋势,而未开采区域先保持平稳后缓慢增大且幅度较小的趋势。其中,监测点 A2、A3、A4 的竖向位移变化幅度相对较大,分别下沉 44.51 mm、48.08 mm、39.79 mm;未开采区域的监测点 A1、A5、A6 的竖向位移变化幅度较小,分别下沉 10.10 mm、8.04 mm、6.78 mm。当开采工作面推进未到达监测点之前,竖向位移呈现基本稳定不变;然而,当开采工作面推进通过监测点时,竖向位移出现小幅度的变化,当开采工作面推进通过监测点后,竖向位移出现幅度较大的变化。其中,当开采工作面推进至监测点 A3 和 A4 之前,分别下沉 2.77 mm

和 5.54 mm；当开采工作面推进至监测点 A3 和 A4 时，分别下沉 6.06 mm 和 9.87 mm；当开采工作面通过监测点 A3 和 A4 后，分别下沉 16.96 mm 和 29.98 mm；至开采结束，监测点 A3 和 A4 分别下沉 48.08 mm 和 39.79 mm。

由图 4.7 可知，随着煤层的开采，岩溶管道附近各监测点的位移都表现出先缓慢下降后快速下降的趋势。监测点 B1—B4 分别下沉 36.81 mm、34.67 mm、30.70 mm、31.58 mm。岩溶管道突水之前，岩溶管道附近监测点 B1—B4 的向下位移量缓慢增加，分别增加 4.87 mm、4.30 mm、3.63 mm、3.74 mm；其中，靠近岩溶管道底部的监测点 B1 比岩溶管道顶部 B3 的竖向位移变化更加明显。

4.3.3　煤层开采顶板竖向应力变化特征

选取 8 个开采步数的表面云图，对煤层开采过程中围岩的竖向应力变化情况进行分析，其结果如图 4.8 所示。

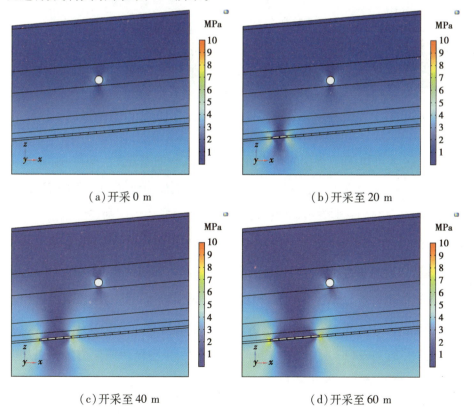

（a）开采 0 m　　　　　　　　（b）开采至 20 m

（c）开采至 40 m　　　　　　　（d）开采至 60 m

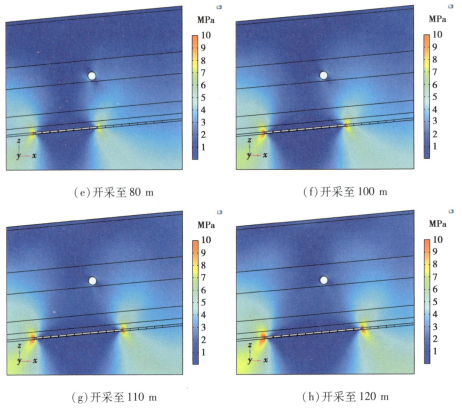

(e)开采至 80 m (f)开采至 100 m

(g)开采至 110 m (h)开采至 120 m

图 4.8 煤层开采围岩竖向应力变化云图

由图 4.8 可知,随着煤层的开采,采空区顶、底板的围岩发生卸荷,在顶、底板形成应力减小区;而采空区两侧发生应力集中,形成应力增大区。岩溶管道附近竖向应力分布受到岩溶管道形状的影响,形成相对高应力区和低应力区。当尚未开采时,如图 4.8(a)所示,各岩层的应力分布比较均匀,整体上呈现出从上到下逐渐增大的重力效应。当煤层开采至 80 m 时,如图 4.8(b)—(e)所示,采空区附近的围岩应力产生了释放,因此,小于周围岩体。此时覆岩重力已经开始由采空区两侧承担,导致未开采区处应力逐渐增大。当煤层开采至 120 m 时,如图 4.8(f)—(h)所示,应力卸荷继续增大,采空区两侧应力集中更加明显,未开采区处的应力继续增大。

为了更加直观地观察煤层开采顶板围岩的竖向应力变化情况,对应力监测点的数据进行统计分析。其中,煤层顶部监测点应力变化情况如图 4.9 所示,岩溶管道附近监测点应力变化情况如图 4.10 所示。

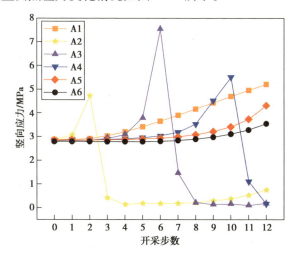

图 4.9　煤层顶部监测点应力变化

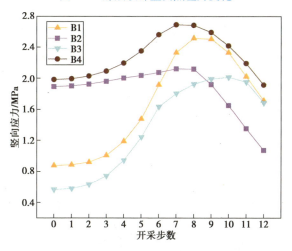

图 4.10　岩溶管道附近监测点应力变化

由图 4.9 可知,随着开采工作面的推进,距离监测点较远时,竖向应力基本保持稳定;当开采工作面推进到监测点时,竖向应力呈现大幅度增加;在开采工作面推进并通过监测点后,竖向应力突然大幅度下降,随后又恢复至基本稳定状态。其中,监测点 A2、A3、A4 的竖向应力变化幅度相对较大,当开采工作面推进至监测点 A2、A3、A4 时,竖向应力最大值分别为 4.73 MPa、7.55 MPa、

5.51 MPa。当开采工作面通过监测点 A2、A3、A4 后，竖向应力发生陡降，分别下降至 0.42 MPa、1.48 MPa、1.10 MPa。此外，未开采区域的监测点竖向应力表现出先保持稳定后缓慢增大的趋势。其中，监测点 A1、A5、A6 的竖向应力分别增加 2.33 MPa、1.45 MPa、0.74 MPa。

由图 4.10 可知，随着开采工作面的推进，岩溶管道附近各监测点的竖向应力都表现出先增大后减小的趋势。其中，岩溶管道底部监测点 B1 与顶部监测点 B3 的变化幅度较大，当工作面推进至监测点 B1 和 B3 时，竖向应力增加至最大，分别为 2.52 MPa、2.01 MPa，分别增加了 1.64 MPa、1.45 MPa。其余监测点 B2 和 B4 的最大值为 2.12 MPa、2.69 MPa。

4.3.4 煤层开采顶板孔隙水压变化特征

分析煤层开采过程中围岩孔隙水压的变化情况，其变化云图如图 4.11 所示。

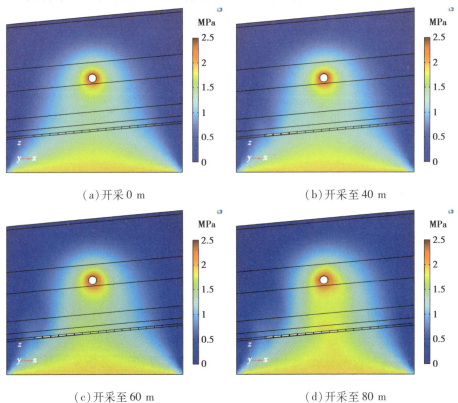

(a)开采 0 m   (b)开采至 40 m

(c)开采至 60 m   (d)开采至 80 m

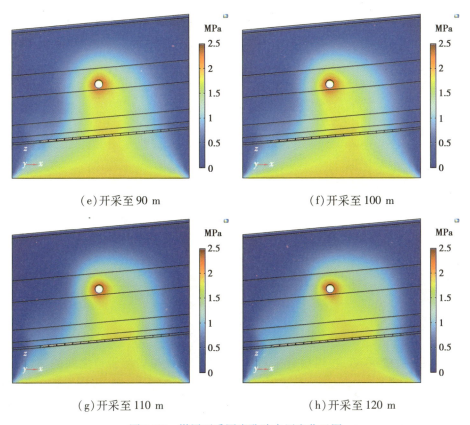

図 4.11　煤层开采围岩孔隙水压变化云图

由图 4.11 可知,当煤层未开采时,如图 4.11(a)所示,受岩溶管道内部高水压作用,岩溶管道附近围岩的孔隙水压由管道壁向外围逐渐减弱,并且越来越小。随着开采工作面的推进,岩溶管道附近的孔隙水压呈现出先增大后减小的趋势。其中,当煤层开采至 40 m 时,如图 4.11(b)所示,隔水岩体的孔隙水压受到开采扰动的影响较小,并未出现明显变化。当煤层开采至 60 m 后,如图 4.11(c)—(h)所示,开采扰动引起隔水岩体的孔隙水压呈现出先增大后减小的趋势。当煤层开采至 100 m 时,如图 4.11(f)所示,岩溶管道附近的孔隙水压突然下降,这主要是因为顶板围岩塑性区与岩溶管道附近围岩塑性区相连并贯通,引发岩溶管道突水。随着开采工作面的推进,隔水岩体的孔隙水压都表现出先基本保持稳定再增大然后下降的趋势。

为了进一步研究煤层开采过程中隔水岩体的孔隙水压变化情况,对孔隙水压监测点的数据进行整理分析,结果如图 4.12 所示。

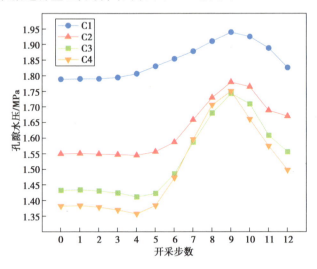

图 4.12　开采过程中孔隙水压的变化

由图 4.12 可知,在煤层开采过程中,煤层顶板与岩溶管道之间的监测点 (C1—C4)的孔隙水压都呈现出先基本保持稳定再增大然后下降的趋势。当煤层开采 10 ~ 40 m 时,监测点 C1—C4 的孔隙水压力基本保持稳定,其值分别为 1.79 MPa、1.55 MPa、1.43 MPa、1.38 MPa。当煤层开采 50 ~ 90 m 时,监测点 C1—C4 的孔隙水压都表现出快速增大,且越靠近岩溶管道底部的监测点,孔隙水压值越大,其最大值分别为 1.94 MPa、1.78 MPa、1.74 MPa、1.75 MPa。当煤层开采至 100 m 处时,各监测点的孔隙水压突然下降,这主要是因为顶板塑性区与岩溶管道塑性区相连贯通,发生突水。当煤层开采至 110 ~ 120 m 时,监测点 C1—C4 的孔隙水压继续下降,分别下降至 1.83 MPa、1.67 MPa、1.56 MPa、1.50 MPa。

4.3.5　岩溶管道突水渗流过程分析

对煤层开采过程中岩溶管道突水渗流情况进行分析,其结果如图 4.13 所示。

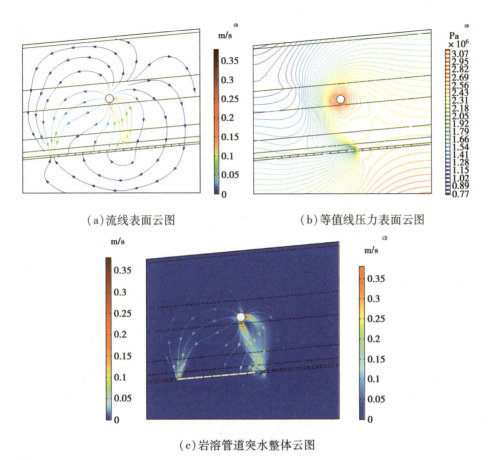

　　(a)流线表面云图　　　　　　　　(b)等值线压力表面云图

　　　　　　　　　(c)岩溶管道突水整体云图

图 4.13　岩溶管道突水过程流线—压力—速度的变化

　　由图 4.13 可知,在岩溶管道与围岩塑性破坏区相连的位置,流体的速度最大,此时压力也最大。当流体流入围岩塑性破坏区后,流体的流速出现下降,流体的压力也随之下降,其原因是流体流入围岩破碎带后,部分流体自身的动能被消耗,其目的是克服水分子和破碎岩体之间的摩擦。同时,由于岩溶管道静水压力为 2.3 MPa,且岩溶管道位于长兴组含水层,孔隙率较大,其顶部夜郎组灰岩孔隙率也大,导致小部分流体以低速缓慢向四周流出,但最终流体都流向煤层采空区。

　　为了更加详细地分析岩溶管道突水过程,选取围岩塑性破坏区的 5 个监测点,如图 4.14 所示;并对监测点的流体速度与压力数据进行统计分析,其结果如图 5.15 所示。

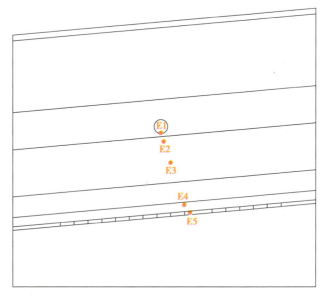

图 4.14　监测点位置

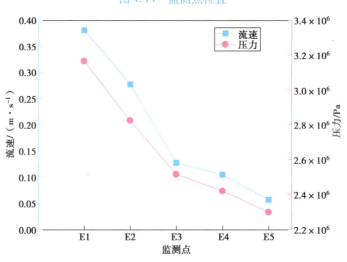

图 4.15　突水过程各监测点流速与压力变化

由图 4.15 可知,在岩溶管道与围岩塑性破坏区相连的位置,流体的速度最大,其值为 0.381 m/s,此时压力也最大,其值为 3.165 MPa。流体流入围岩破碎区,水分子由于与岩体摩擦流体速度下降,在进入采空区前,流速下降至 0.105 m/s,压力下降至 2.421 MPa;流体进入采空区后,流速下降至 0.056 m/s,压力下降至 2.299 MPa。流体从岩溶管道突出,流入采空区,流速下降了 0.325 m/s,压力下降了 0.866 MPa。

4.4　岩溶管道突水多场灾变演化机制

在煤层逐步开采的过程中,顶板存在富水的岩溶管道影响围岩的位移场、应力场与渗流场。其影响机制具体表述如下:

①当煤层开始开采时,由于围岩受到上覆岩层的自重应力影响,煤层开采扰动引起的竖向应力与竖向位移的变化集中在采空区附近的岩体,形成了围岩破坏区,但破坏范围较小;且开采工作面距岩溶管道较远,采空区与岩溶管道之间尚未形成联系,隔水岩体的孔隙水压没有出现明显的变化。

②随着开采工作面的逐步增加,开采前端靠近岩溶管道附近时,富水的岩溶管道对围岩有较大的影响,其主要影响范围为:采空区顶板及底板、采空区两端和岩溶管道附近围岩;主要影响为:引起这些区域的围岩破坏范围增大、竖向应力增大、位移量增加、孔隙水压升高、电导率增大等一系列变化。受开采扰动与岩溶管道水压的共同影响,岩溶管道与采空区之间的围岩稳定性受到破坏,两者之间的孔隙裂缝增加,破坏区逐渐相连,为岩溶管道水提供了突水路径。

③当开采距离进一步增加时,岩溶管道与采空区之间的围岩彻底破裂,形成的裂隙相互贯通,形成突水通道,此时围岩位移场、应力场和渗流场发生突变。岩溶管道水沿突水通道大量涌入采空区造成突水事故发生。此时,岩溶管道附近围岩的竖向应力下降,而竖向位移量增大,隔水岩体的孔隙水压下降。随着煤层的继续开采,采空区与岩溶管道之间的破坏区进一步扩展,采空区与岩溶管道之间围岩的孔隙水压随着开采工作面的推进而逐渐趋于稳定。

综上所述,在开采工作面推进的过程中,受开采扰动和岩溶管道水压的影响,岩溶管道突水前后,竖向位移、竖向应力、孔隙水压和电导率等特征发生较大变化。尤其是在濒临岩溶管道突水前,向下位移量不断增加,岩溶管道底部的竖向应力突然下降,孔隙水压大幅度升高,电导率大幅度增大。这些突变的前兆信息为煤层开采岩溶管道突水提供了良好的判断依据。

4.5 不同地质条件对突水的影响

在煤层开采过程中,影响岩溶管道突水的因素非常多。顶板上覆岩溶管道突水不仅受开采扰动的影响,还受岩溶管道自身水压的影响,从而改变煤层与岩溶管道之间岩体的结构。本小节重点研究的是岩溶管道自身因素对突水的影响。为了研究不同岩溶管道直径与水压对隔水岩体结构的影响,对每个影响因素分别进行4组模拟。数值模拟方案见表4.2。

表4.2 数值模拟方案

模拟组号	岩溶管道影响因素	
	岩溶管道直径 D/m	岩溶管道水压 P/MPa
1	6	1
2	8	1.5
3	10	2
4	12	2.5

采用"控制变量法"原则,设定岩溶管道水压为 2 MPa,研究不同岩溶管道直径对突水的影响;设定岩溶管道直径为 10 m,研究不同岩溶管道水压对突水的影响。其中,模型的相关参数及背景仍然采用青龙煤矿案例中的数据,监测点取图4.2中的 C1 点,用来分析不同影响因素下煤层与岩溶管道之间岩体的孔隙水压、竖向位移与竖向应力变化。

4.5.1　岩溶管道直径对突水的影响

1)围岩竖向应力的变化特征

为了分析不同岩溶管道直径下的围岩竖向应力变化特征,选取开采步数第 8 步(煤层开采至岩溶管道正下方时)的竖向应力表面云图作为不同岩溶管道直径下的围岩竖向应力分析对象,如图 4.16 所示。

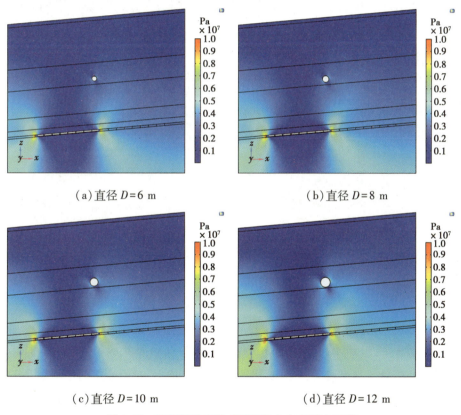

（a）直径 $D=6$ m　　　　　　　　　　　（b）直径 $D=8$ m

（c）直径 $D=10$ m　　　　　　　　　　（d）直径 $D=12$ m

图 4.16　岩溶管道直径对围岩竖向应力影响云图

由图 4.16 可知,采空区的临空面上形成低应力区且呈现出小于周围岩体的竖向应力,采空区的两端形成高应力区且呈现出大于周围岩体的竖向应力。这主要是因为工作面推进形成采空区,其上临空面围岩发生卸荷,而应力集中在采空区两侧。岩溶管道附近岩体的竖向应力分布受到岩溶管道形状和地层倾角的影响,形成相对高应力区和低应力区。随着岩溶管道直径的增大,采空区的临空面上的低应力区范围变小,采空区两端的高应力区范围变大。同时,随着岩溶管道直径的增大,岩溶管道外壁形成的高应力区范围随之增大,低应力区范围随之减小。这主要是因为开采过程中,整体岩层的竖向应力分布随着溶管道直径的改变而不同,尤其对采空区附近岩体与岩溶管道附近岩体的竖向应力分布影响较大。

为了更加直观地分析不同岩溶管道直径的竖向应力变化特征,对不同岩溶管道直径下的开采过程中隔水岩体监测点 J1 的竖向应力数据进行统计分析,其结果如图 4.17 所示。

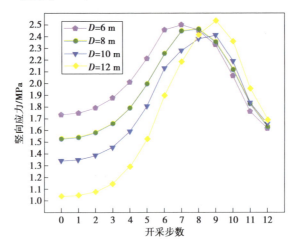

图 4.17　不同管道直径监测点的竖向应力随开采步数变化曲线

由图 4.17 可知,随着岩溶管道直径的增大,在煤层开采过程中,竖向应力变化更加明显。当煤层未开采时,岩溶管道直径越大,对应的竖向应力越小,不同直径的岩溶管道($D=6$ m、8 m、10 m、12 m)对应监测点的初始竖向应力分别为 1.73 MPa、1.52 MPa、1.34 MPa、1.03 MPa。随着煤层的开采,竖向应力呈现出先增大后减小的趋势。不同直径的岩溶管道($D=6$ m、8 m、10 m、12 m)对应监测点的最大竖向应力分别为 2.50 MPa、2.46 MPa、2.41 MPa、2.53 MPa,不同直径下的竖向应力分别增加了 0.77 MPa、0.94 MPa、1.07 MPa、1.50 MPa。当煤层开采停止时,不同直径的岩溶管道($D=6$ m、8 m、10 m、12 m)对应监测点的竖向应力分别下降至 1.61 MPa、1.62 MPa、1.66 MPa、1.68 MPa。

2)围岩竖向位移变化特征

为了分析不同岩溶管道直径下的围岩竖向位移变化特征,选取开采步数的第 8 步(煤层开采岩溶管道正下方时)的竖向位移表面云图作为不同岩溶管道直径下的围岩竖向位移分析对象,如图 4.18 所示。

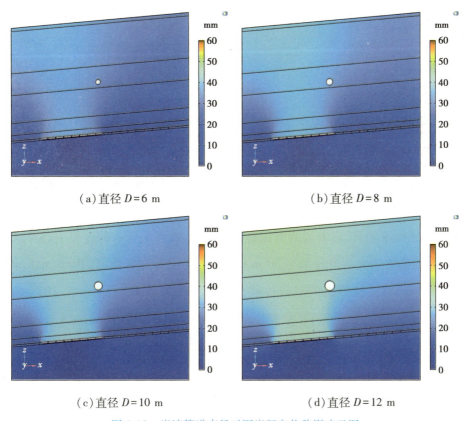

（a）直径 $D=6$ m　　　　　　　　（b）直径 $D=8$ m

（c）直径 $D=10$ m　　　　　　　　（d）直径 $D=12$ m

图 4.18　岩溶管道直径对围岩竖向位移影响云图

由图 4.18 可知,采空区范围内顶板发生向下位移,岩层越靠近采空区的临空面,位移变化越明显。这主要是因为采空区顶部岩体缺少支撑,受岩层自身重力作用,发生下沉。随着岩溶管道直径的增大,采空区范围内顶部岩体向下的位移量越大。这主要是因为煤层倾角为 5°,地层缓倾斜,岩溶管道直径越大,采空区顶部岩体受岩层自身重力的影响越大。

为了更加详细地分析不同岩溶管道直径的竖向位移变化特征,对煤层开采过程中隔水岩体监测点 C1 的竖向位移数据进行统计分析,其结果如图 4.19 所示。

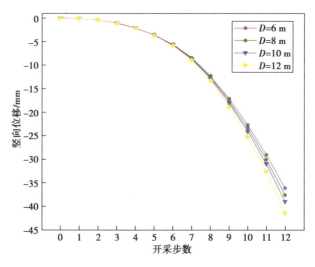

图 4.19　不同管道直径监测点的竖向位移变化曲线

由图 4.19 可知,随着岩溶管道直径的增大,在煤层开采的过程中,竖向位移变化也随之增大。当开采至 30 m 时,不同直径的岩溶管道($D=6$ m、8 m、10 m、12 m)对应监测点的竖向位移分别缓慢增加至 1.083 mm、1.102 mm、1.112 mm、1.147 mm。当开采结束时,不同直径的岩溶管道($D=6$ m、8 m、10 m、12 m)对应监测点的竖向位移分别增加至 36.157 mm、38.627 mm、39.025 mm、41.477 mm。

3）围岩孔隙水压变化特征

为了分析不同岩溶管道直径下的围岩孔隙水压变化特征,选取开采步数第 8 步(煤层开采至岩溶管道正下方时)的孔隙水压表面云图作为不同岩溶管道直径下的围岩孔隙水压分析对象,如图 4.20 所示。

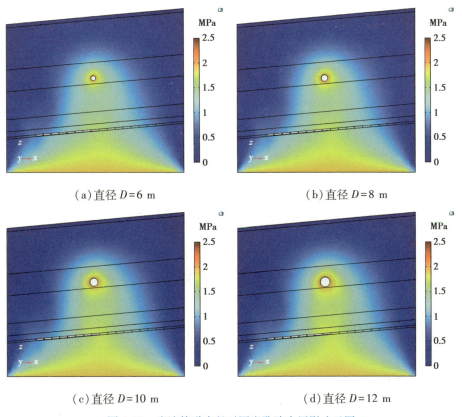

(a)直径 $D=6$ m   (b)直径 $D=8$ m

(c)直径 $D=10$ m   (d)直径 $D=12$ m

图 4.20 岩溶管道直径对围岩孔隙水压影响云图

由图 4.20 可知,在岩溶管道内部的水压作用下,孔隙水压由岩溶管道向附近围岩逐渐减弱。随着岩溶管道直径的增大,岩溶管道外壁的孔隙水压范围随之增大。同时,随着岩溶管道直径的增大,隔水岩体的孔隙水压也随之变大,这间接表明,岩溶管道的变大将提高采空区突水的可能性。

为了更加直观地描述不同岩溶管道直径的孔隙水压变化特征,对不同岩溶管道直径下的煤层开采过程中隔水岩体监测点的孔隙水压数据进行统计分析,其结果如图 4.21 所示。

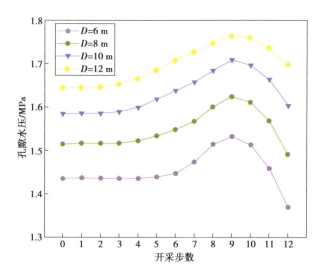

图 4.21　不同管道直径监测点的孔隙水压变化曲线

由图 4.21 可知,随着岩溶管道直径的增大,在煤层开采的过程中,孔隙水压也随之增大。当煤层未开采时,岩溶管道直径越大,对应的初始孔隙水压就越大,不同直径的岩溶管道($D=6$ m、8 m、10 m、12 m)对应监测点的初始孔隙水压分别为 1.436 MPa、1.516 MPa、1.585 MPa、1.646 MPa。随着煤层的开采,孔隙水压呈现出先增大后减小的趋势。不同直径的岩溶管道($D=6$ m、8 m、10 m、12 m)对应监测点的最大孔隙水压分别为 1.533 MPa、1.625 MPa、1.710 MPa、1.766 MPa,其不同直径下的孔隙水压分别增加了 0.097 MPa、0.110 MPa、0.124 MPa、0.120 MPa。当煤层开采停止时,不同直径的岩溶管道($D=6$ m、8 m、10 m、12 m)对应监测点的孔隙水压分别下降至 1.370 MPa、1.492 MPa、1.604 MPa、1.700 MPa。

4.5.2　岩溶管道水压对突水的影响

1)围岩竖向应力变化特征

为了分析不同岩溶管道水压下的围岩竖向应力演变特征,选取开采步数第 8 步(煤层开采至岩溶管道正下方时)的竖向应力表面云图作为不同岩溶管道水压下的围岩竖向应力变化研究对象,如图 4.22 所示。

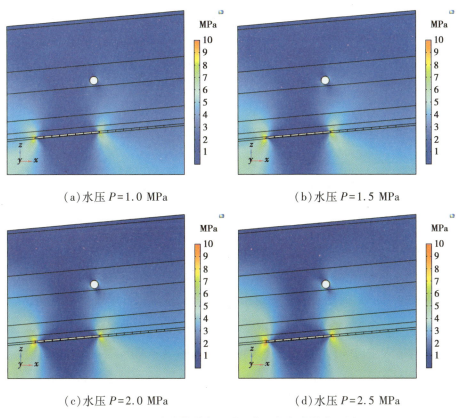

（a）水压 $P=1.0$ MPa　　　　　　　　（b）水压 $P=1.5$ MPa

（c）水压 $P=2.0$ MPa　　　　　　　　（d）水压 $P=2.5$ MPa

图 4.22　岩溶管道水压对围岩竖向应力影响云图

由图 4.22 可知，随着煤层的开采，采空区临空面的应力出现"马鞍"的形状，且其形状随着采空区的变大而变大。采空区顶、底板形成低应力区，采空区两端形成高应力区，这主要是因为煤层开采引起竖向应力的重新分布，采空区顶、底部围岩发生卸荷，而竖向应力集中于采空区两侧。随着岩溶管道水压的增大，采空区附近岩体的低应力区范围减小，采空区两端的高应力区范围增大。随着岩溶管道水压的增大，岩溶管道附近岩体形成的低应力区范围缩小，高应力区范围扩大。

为了详细分析不同岩溶管道水压下的竖向应力演变特征，对不同岩溶管道水压下煤层开采过程中隔水岩体监测点 J1 的竖向应力数据进行统计分析，其结果如图 4.23 所示。

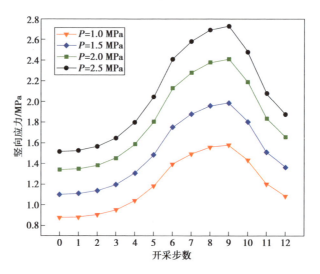

图 4.23　不同管道水压监测点的竖向应力变化曲线

由图 4.23 可知,随着岩溶管道水压的增大,在煤层开采过程中,竖向应力也随之变大。当煤层未开采时,岩溶管道水压越大,对应的竖向应力也越大,不同岩溶管道水压($P=1.0$ MPa、1.5 MPa、2.0 MPa、2.5 MPa)下的初始竖向应力分别为 0.88 MPa、1.10 MPa、1.34 MPa、1.52 MPa。随着煤层的开采,竖向应力表现出先增加后减少的趋势。不同岩溶管道水压($P=1.0$ MPa、1.5 MPa、2.0 MPa、2.5 MPa)下的最大竖向应力分别为 1.58 MPa、1.98 MPa、2.41 MPa、2.73 MPa;其竖向应力分别增加了 0.70 MPa、0.88 MPa、1.07 MPa、1.21 MPa。当煤层开采停止时,不同岩溶管道水压($P=1.0$ MPa、1.5 MPa、2.0 MPa、2.5 MPa)下的竖向应力分别下降至 1.09 MPa、1.36 MPa、1.66 MPa、1.88 MPa。

2)围岩竖向位移变化特征

为了分析不同岩溶管道水压下的围岩竖向位移变化特征,选取开采步数第 8 步(煤层开采至岩溶管道正下方时)的竖向位移表面云图作为不同岩溶管道水压下的围岩竖向位移变化研究对象,如图 4.24 所示。

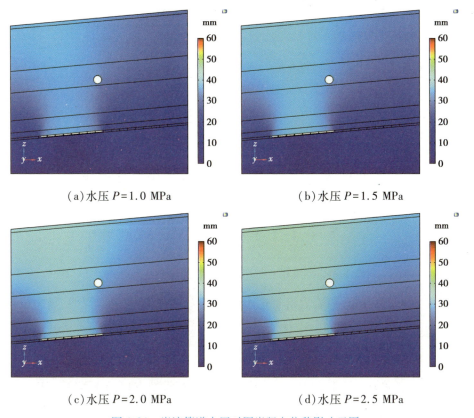

（a）水压 $P=1.0$ MPa　　　　（b）水压 $P=1.5$ MPa

（c）水压 $P=2.0$ MPa　　　　（d）水压 $P=2.5$ MPa

图 4.24　岩溶管道水压对围岩竖向位移影响云图

由图 4.24 可知,采空区范围内顶板发生向下位移,岩层越靠近采空区,位移变化越明显。这主要是因为采空区顶部岩体没有支撑,并受到岩层自身重力作用,发生下沉。随着岩溶管道水压的增大,采空区范围内顶部岩体向下的位移量越大,变化幅度反而较小。这主要是因为地层缓倾斜,岩溶管道水压越大,采空区顶部岩体受到岩层自身重力也就越大。

为了更加直观地分析不同岩溶管道水压下的竖向位移变化特征,对不同岩溶管道水压下的煤层开采过程中隔水岩体监测点 C1 的竖向位移数据进行统计分析,其结果如图 4.25 所示。

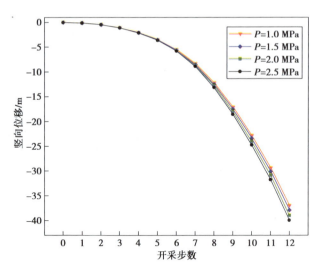

图 4.25　不同管道水压监测点的竖向位移变化曲线

由图 4.25 可知,随着岩溶管道水压的增大,在煤层开采过程中,竖向位移变化也随之变大,但变化幅度较小。当煤层开采至 30 m 时,不同岩溶管道水压($P=1.0$ MPa、1.5 MPa、2.0 MPa、2.5 MPa)下的竖向位移分别缓慢增加至 1.076 mm、1.093 mm、1.112 mm、1.118 mm。当开采结束时,不同岩溶管道水压($P=1.0$ MPa、1.5 MPa、2.0 MPa、2.5 MPa)下的竖向位移分别增加至 37.037 mm、37.942 mm、39.025 mm、39.965 mm。

3)围岩孔隙水压变化特征

为了分析不同岩溶管道水压下的围岩孔隙水压演变特征,选取开采步数第 8 步(煤层开采至岩溶管道正下方时)的孔隙水压表面云图作为不同岩溶管道水压下的围岩孔隙水压变化研究对象,如图 4.26 所示。

由图 4.26 可知,在岩溶管道内部的高水压作用下,孔隙水压从管道外壁向附近围岩逐渐减小。随着岩溶管道水压的增大,岩溶管道外壁的孔隙水压范围随之增大,且变化幅度较大;同时,随着岩溶管道水压的增大,隔水岩体的孔隙水压也随之变大,且变化幅度较大,这间接表明,岩溶管道水压的增大将提高采空区突水的可能性。

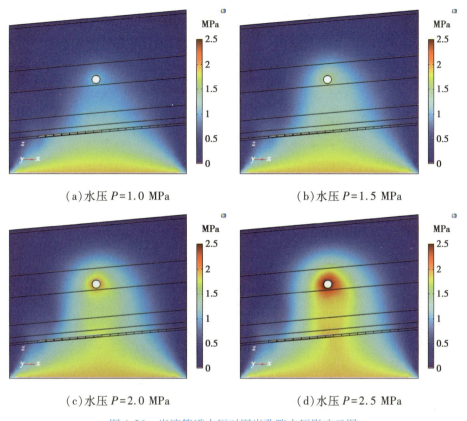

（a）水压 P=1.0 MPa　　　　　　　　（b）水压 P=1.5 MPa

（c）水压 P=2.0 MPa　　　　　　　　（d）水压 P=2.5 MPa

图 4.26　岩溶管道水压对围岩孔隙水压影响云图

　　为了更加直观地描述不同岩溶管道水压的孔隙水压变化特征，对不同岩溶管道水压下煤层开采过程中隔水岩体监测点 C1 的孔隙水压数据进行统计分析，其结果如图 4.27 所示。

　　由图 4.27 可知，随着岩溶管道水压的增大，在煤层开采的过程中，孔隙水压也随之增大。当煤层未开采时，岩溶管道水压越大，对应的初始孔隙水压就越大，不同岩溶管道水压（P=1.0 MPa、1.5 MPa、2.0 MPa、2.5 MPa）下的初始孔隙水压分别为 0.907 MPa、1.246 MPa、1.585 MPa、1.925 MPa。随着煤层的开采，孔隙水压呈现出先增大后减小的趋势。不同岩溶管道水压（P=1.0 MPa、1.5 MPa、2.0 MPa、2.5 MPa）下的最大孔隙水压分别为 0.941 MPa、1.325 MPa、1.710 MPa、2.094 MPa，其孔隙水压分别增加了 0.034 MPa、0.079 MPa、0.124 MPa、

0.169 MPa。当煤层开采停止时,不同岩溶管道水压($P=1.0$ MPa、1.5 MPa、2.0 MPa、2.5 MPa)下的孔隙水压分别下降至0.881 MPa、1.249 MPa、1.604 MPa、1.950 MPa。

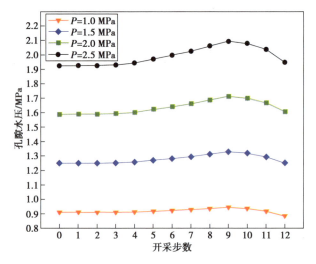

图4.27　不同管道水压监测点的孔隙水压变化曲线

4.6　本章小结

①基于 COMSOL Multiphysics 软件对煤层开采过程进行了模拟计算分析。在煤层开采扰动和岩溶管道水压的共同作用下,围岩结构稳定性受到破坏,采空区两侧顶部岩体与岩溶管道附近岩体发生塑性破坏,两者形成的塑性破坏区随着煤层的开采逐渐扩展,并相互连接、贯通,形成突水通道,引发岩溶管道突水。

②随着煤层的开采,顶板岩体发生向下位移,采空区顶部岩体位移量较大,且越靠近采空区中间位置的岩层下沉越大。煤层顶部监测点 A2、A3、A4 的竖向位移表现出先保持平稳后快速增大的趋势,分别下沉44.51 mm、48.08 mm、39.79 mm;而未开采区域监测点 A1、A5、A6 表现出先保持平稳后缓慢增大的趋势,但幅度较小,分别下沉10.10 mm、8.04 mm、6.78 mm。随着煤层的开采,岩

溶管道附近各监测点 B1、B2、B3、B4 的竖向位移表现出先缓慢下降后快速下降的趋势,分别下沉 36.81 mm、34.67 mm、30.70 mm、31.58 mm。其中,靠近岩溶管道底部监测点 B1 的位移量大于岩溶管道顶部监测点 B3 的位移量。

③随着开采工作面的推进,采空区顶、底板形成应力减小区,采空区两侧形成应力增大区,采空区临空面顶部应力呈现"马鞍"的形状。岩溶管道附近岩体形成相对高应力区和低应力区。开采区监测点的竖向应力呈现出先保持稳定后上升然后下降的趋势,监测点 A2、A3、A4 的竖向应力上升至最大,其值分别为 4.73 MPa、7.55 MPa、5.51 MPa;随后监测点 A2、A3、A4 的竖向应力发生陡降,分别降至 0.42 MPa、1.48 MPa、1.10 MPa。未开采区域的监测点竖向应力表现出先保持稳定后缓慢增大的趋势。监测点 A1、A5、A6 的竖向应力分别增加了 2.33 MPa、1.45 MPa、0.74 MPa。岩溶管道附近各监测点的竖向应力都表现出先增大后减小的趋势;岩溶管道底部监测点 B1 与顶部监测点 B3 变化幅度较大,监测点 B1 和 B3 的竖向应力增加至最大,其值分别为 2.52 MPa 和 2.01 MPa,分别增加了 1.64 MPa 和 1.45 MPa。

④在岩溶管道内部的高水压作用下,孔隙水压由管道壁逐渐向附近围岩减弱。随着煤层的开采,隔水岩体的孔隙水压表现出先基本保持稳定后增大然后下降的趋势;监测点 C1—C4 的孔隙水压增加至最大,其值分别为 1.94 MPa、1.78 MPa、1.74 MPa 和 1.75 MPa;当煤层开采 100 m 时,各监测点的孔隙水压呈现出突然下降;当开采结束时,监测点 C1—C4 的孔隙水压分别下降至 1.83 MPa、1.67 MPa、1.56 MPa、1.50 MPa。

⑤当煤层开采至 100 m 时,岩溶管道发生突水,沿塑性破坏区流入采空区。在岩溶管道与围岩塑性破坏区相连的位置,流体的速度最大,其值为 0.381 m/s,此时压力也最大,其值为 3.165 MPa。流体进入采空区后,流速下降至 0.056 m/s,压力下降至 2.299 MPa。流体从岩溶管道突出,流入采空区,流速下降了 0.325 m/s,压力下降了 0.866 MPa。

⑥随着岩溶管道直径的增大(6~12 m),采空区的临空面上的低应力区范

围变小,采空区两端的高应力区范围变大;岩溶管道外壁形成的高应力区范围随之增大,低应力区范围随之减小。随着岩溶管道直径的增大(6~12 m),竖向应力与孔隙水压的下降幅度减小,竖向位移量增大。不同岩溶管道直径($D=$6 m、8 m、10 m、12 m)下的监测点 C1 竖向应力分别下降了 0.265 MPa、0.236 MPa、0.223 MPa、0.177 MPa;不同岩溶管道直径下的监测点 C1 竖向位移量分别增加了 5.566 mm、5.807 mm、6.027 mm、6.442 mm;不同岩溶管道直径下的监测点 C1 孔隙水压分别下降了 19.36 kPa、13.56 kPa、12.68 kPa、3.60 kPa。

⑦随着岩溶管道水压的增大(1.0~2.5 MPa),孔隙水压下降幅度比较明显,竖向应力下降幅度相对明显,竖向位移量增大相对不太明显。不同岩溶管道水压($P=1.0$ MPa、1.5 MPa、2.0 MPa、2.5 MPa)下的监测点 C1 竖向应力分别下降了 0.146 MPa、0.184 MPa、0.223 MPa、0.253 MPa;不同岩溶管道水压下的监测点 C1 竖向位移量分别增加了 5.717 mm、5.852 mm、6.027 mm、6.203 mm;不同岩溶管道水压下的监测点 C1 孔隙水压分别下降了 7.28 kPa、9.98 kPa、12.68 kPa、15.38 kPa。

第5章 煤层开采覆岩破坏涌水量预测技术

5.1 研究区概况

5.1.1 自然地理位置

绿塘煤矿位于贵州省毕节市大方县,距大方县城直线距离约 17 km,矿井范围属绿塘乡、鼎新乡及文阁乡管辖。地理坐标为 E105°20′00—E105°29′00″,N26°58′00″—N27°09′30″。煤矿长约 21.5 km,宽约 1.5 ~ 5.5 km,面积约 84.88 km²,煤矿开采标高+1 300 ~ +2 080 m。

绿塘煤矿地处贵州高原西部,属高中山地貌,地形切割剧烈,地表多为基岩出露,在第四系分布区域生长着各种灌木及丛林。受构造的控制,山岭与沟溪走向与主要构造线方向基本一致。区内中西部地势较高,东部及北部地势较低,相对高差约为 1 183.05 m。

煤矿区域属亚热带湿润性季风气候,冬无严寒,夏无酷暑,雨量充沛。年平均气温 11.9 ℃,日极端最高气温 32.7 ℃(1988 年),日极端最低气温−8.2 ℃(1991年)。多年来,年最大降雨量 1 440.2 mm(2001 年),年平均降雨量 1 107.60 mm。煤矿外围有东部的落脚河及南部的瓜仲河,常年有水。落脚河与瓜仲河汇入六仲河,为鸭池河的上游,属乌江水系。煤矿内无较大的河流,仅有冲沟和山沟发育。受大气降水影响,常年有水的是哥差倮冲沟和后坝冲沟,冲沟水流量一般小于 0.2 m³/s,北面冲沟水汇入落脚河,南部冲沟水流入瓜仲河。较大的地表水体为吊岩水库和牛集水库,库容约为一百多万平方米。

5.1.2 地质概况

绿塘煤矿区内出露的地层从老到新分别为二叠系茅口组、二叠系龙潭组、二叠系长兴组、三叠系飞仙关组、三叠系永宁镇组及第四系。第四系与下伏地层呈角度不整合接触,二叠系茅口组与上统龙潭组地层呈平行不整合接触,各地层简况分述如图 5.1 所示。

地层系统			地层代号	地层柱状图	厚度/m 最小–最大 平均	岩性描述
系	统	组				
第四系	—	—	Q		$\dfrac{0.80-26.87}{15.07}$	深紫色、褐黄色坡积物、冲积物
三叠系	下统	永宁镇组	T_1yn		出露不全	灰色厚层状灰岩
		飞仙关组第三段	T_1f^3		$\dfrac{32.95-66.05}{46.28}$	灰紫色、灰黄色中厚层状泥质粉砂岩、粉砂质泥岩、泥岩、粉砂岩
		飞仙关组第二段	T_1f^2		$\dfrac{6.75-55.85}{38.45}$	灰色中厚层状灰岩
		飞仙关组第一段	T_1f^1		$\dfrac{48.85-200.55}{144.68}$	灰绿色、灰黄色薄层状泥质粉砂岩、粉砂岩
二叠系	上统	长兴组	P_3c		$\dfrac{13.15-16.95}{14.18}$	灰色中厚层状灰岩
		龙潭组	P_3l		$\dfrac{156.05-240.55}{214.31}$	灰色、黄灰色、浅灰色薄层状至中层状粉砂岩、泥质粉砂岩、粉砂质泥岩、细砂岩、泥岩及煤层
	中统	茅口组	P_2m		出露不全	灰至暗黑色中厚层状灰岩

图 5.1 绿塘煤矿地层岩性

龙潭组为含煤地层,属海陆交互相含煤沉积,由薄层状至中层状粉砂岩、泥质粉砂岩、粉砂质泥岩、泥岩、煤层组成,煤层总厚度为 11.42 ~ 35.78 m,平均厚度为 23.66 m。全区可采煤层为 6 中煤、16#煤，局部可采煤层为 7#煤。6 中煤层作为目前的开采煤层，厚度为 0.19 ~ 8.13 m，平均厚度为 3.0 m，该煤层 J702 钻孔、705 钻孔、J703 钻孔、804 钻孔处不可采，其余均可采。根据《矿产地质勘查规范　煤》（DZ/T 0215—2020），7 勘测线至 10 勘测线间中深部煤层厚度在 3.5 m 以上，为中厚煤层区域。研究区内 6 中煤层可采厚度等值线如图 5.2 所示。

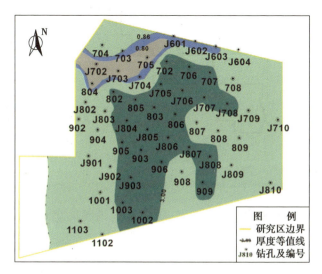

图 5.2　6 中煤层可采厚度等值线

绿塘煤矿在大地构造单元上属上扬子地台褶带黔北隆起之南西缘，黔北煤田西侧，区内受北东向构造及东西向构造应力的作用，褶皱及断裂均受其控制影响。煤矿位于维新背斜东南翼，呈一平缓单斜构造，区内北部有次一级褶曲。绿塘煤矿构造纲要如图 5.3 所示。

矿区内发育有维新背斜、大河向斜、小岔背斜、陡沟向斜、后苗寨向斜、营盘坡背斜，褶皱分述如下。维新背斜：走向北东向，北端倾伏，呈反"S"形展布，延展长度 10 km，南部开阔；北西翼地层倾角较陡，约 20°，南东翼较缓，为 7° ~ 12°，为一不对称背斜。大河向斜：轴向 20°，延展长度 4 km，两翼地层倾角 10° ~ 15°，向斜位于三叠系下统飞仙关组地层中。轴部出露飞仙关组第三段地层。小岔背

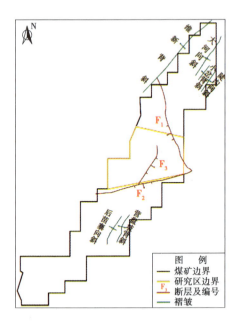

图 5.3　绿塘煤矿构造纲要图

斜:轴向 40°,延展长度 1 km,两翼地层倾角 10°～12°,背斜位于的地层及轴部
出露地层与大河背斜相同。陡沟向斜:轴向 40°,延展长度 1.8 km,两翼地层倾
角 8°～13°,位于三叠系下统飞仙关组地层中。后苗寨向斜:延展长度 3.60 km,位于
三叠系下统飞仙关组地层中,北西翼地层倾角 5°～10°,南西翼地层倾角 4°～
6°,为一宽缓不对称向斜。营盘坡背斜:延展长度 4.9 km,位于三叠系下统飞仙
关组地层中,北西翼地层倾角 4°～28°,南东翼地层倾角 6°～17°,为一宽缓不对
称背斜。

矿区内断距大于 30 m 的断层有 3 条,分别为 F_1、F_2、F_3 断层,影响采区的布
置,断层分述如下。F_1 断层:走向北西西,倾向南西,倾角 55°,断矩 40～100 m,
延展长度 12 km,切割 P_3l～T_1f^1 地层,断层性质为正断层。F_2 断层:走向南西
西,倾向南南东,倾角 74°～79°,地层断距 100～170 m,延展长度 8 km,切割
P_2m～T_1f^2 地层,断层性质为逆断层。F_3 断层:交于 F_2 断层,走向北东,倾向南
东,延展长度 3 km,倾角 55°,断距 20～60 m,切割 P_2l～T_1f 地层,断层性质为逆

断层。

5.1.3　水文地质条件

研究区属于落脚河和瓜仲河流域,处于落脚河向斜汇水构造的水文地质单元。区内条形山脊和 V 形沟谷遍布,部分沟谷常年有水,流量为 0.02 ~ 0.1 m³/s,呈放射状水系分布,分别向落脚河和瓜仲河排泄,如图 5.4 所示。

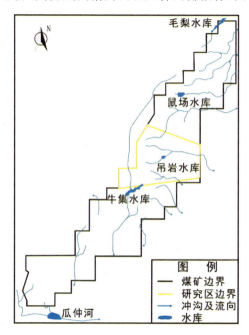

图5.4　冲沟水水系分布示意图

由于研究区地势比周围高,地表水接受大气降水补给而向地势低的地方排泄,研究区内发育导水断层使地下水之间产生联系,地下水位总体特征为山高水高,山低水低,大面积内无统一的地下水位。

研究区出露地层从老至新为二叠系中统茅口组、二叠系上统龙潭组、二叠系上统长兴组、三叠系下统飞仙关组及第四系沉积物。区域内各含水层在地表出露区域可分为碎屑岩基岩裂隙水和岩溶基岩裂隙水,均接受大气降水补给,以垂向交替为主,辅以侧向交替形式径流,地下水循环强度较大。随着地层埋深的增加,碎屑岩基岩裂隙含水层富水性逐渐变弱,地下水循环强度变小;岩溶区深部地下水径流以侧向交替为主,垂向交替相对较弱。区域内较多的地下暗河充分证明了这一特点,同时也进一步说明可溶岩区地下水径流较好。

5.1.4 采区概况

绿塘煤矿一期分为 3 个采区,其中南一采区与南二采区为目前正在开采的区域,南三采区为计划开采区域。绿塘煤矿采区布置如图 5.5 所示。

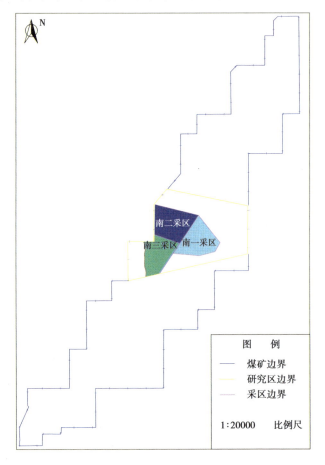

图 5.5　绿塘煤矿采区布置图

南一采区、南二采区及南三采区分别位于 F_3 断层两盘,南二采区 6 中 S205

工作面为 2021 年计划回采工作面,开采煤层为 6 中煤层。自投产至 2020 年 12 月 30 日,工作面开采面积约为 1.45 km²,矿区未来 5 年规划开采区域为:2021—2024 年依次开采南二采区 6 中 S205、6 中 S206、6 中 S202、6 中 S201 工作面,2025 年开采南一采区+1730 大巷南翼 6 中 S109 工作面。本章将绿塘煤矿南二采区 6 中 S205 工作面作为煤层开采覆岩变形破坏特征研究物理模拟和数值模拟原型。在煤层开采矿井涌水量预测研究中,以绿塘煤矿工作面开采规划为地质原型建立地下水数值模型。绿塘煤矿工作面布置如图 5.6 所示。

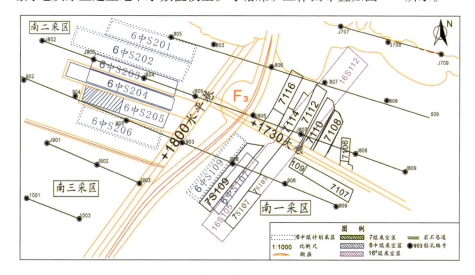

图 5.6　绿塘煤矿工作面布置图

6 中 S205 工作面位于绿塘煤矿南二采区中西部,东起+1800 水平巷,西止绿塘煤矿边界,上限标高为+1 975 m,下限标高为+1 825 m。其对应的地面为山峦,沟谷发育,地势西北高东南低,地表最高标高为+2 309 m,最低标高为+2 020 m,与 6 中 S205 工作面最小净高差约 202 m。工作面 6 中煤层平均埋深 300 m,煤层倾角 2°。工作面倾向长 700 ~ 800 m,走向宽 155 m,倾角 3°,面积 115 344 m²。6 中 S205 工作面为南二采区南翼第三段首采面,以北为 6 中 S204 采空区,以南为计划开采的 6 中 S206 工作面。根据 6 中 S204 运输顺槽实际揭露 6 中煤层情况,煤层厚度在 1.20 ~ 3.70 m,煤层厚度变化异常。6 中 S205 工作面布置如图

5.7 所示。

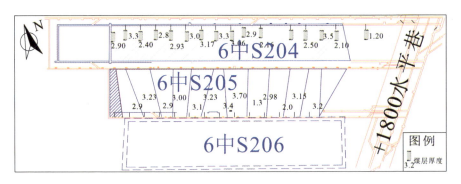

图 5.7　6 中 S205 工作面布置图

2021 年 6 月,对 6 中 S205 掘进工作面采用瞬变电磁法、天然场音频大地电磁法进行物探,取得了大量的电性资料,如图 5.8 所示。

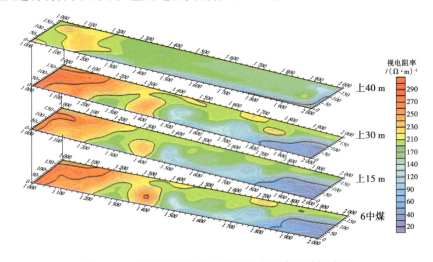

图 5.8　天然场音频大地电磁法视电阻率顺层切片图

如图 5.8 所示,在 6 中煤层上部 30 m 岩层位置圈定一个相对强富水区,面积约 57 400 m²;在 6 中煤层上部 40 m 岩层位置圈定一个相对强富水区,面积约 62 600 m²;经对比,在 6 中煤层上部 30 m、40 m 后,发现视电阻率在 6 中煤层上部 40 m 中最低。分析表明,本工作面上覆强富水区水为长兴组灰岩裂隙水,为煤层开采顶板水害,预计水头标高约为+1 872 m,水位最低标高约为+1 858 m。

　　煤层采动覆岩一定范围内会发生变形破坏,顶板垮落带及上方已沟通裂隙带合称为"两带"。目前,"两带"的经验公式主要依据《建筑物、水体、铁路及主要井巷煤柱留设与压煤开采规范》(以下简称为《"三下"规范》)得来。根据研究区内 6 中煤层顶板地层结构及物理力学参数数据,对煤层覆岩岩性组合特征进行概化,得到 6 中煤层顶、底板岩体物理力学特征,见表 5.1。6 中煤层平均采厚为 3 m,煤层直接顶为粉砂岩,单轴抗压强度为 38.53 MPa,依照《"三下"规范》(表 5.2),确定覆岩岩性类型为中硬岩,煤层开采垮落带与导水裂隙带高度分别通过式(5.1)、式(5.2)计算。

表 5.1　煤层顶、底板岩体物理力学参数

地层	岩性	厚度 /m	块体密度 /(g·cm^{-3})	抗压强度 /MPa	抗拉强度 /MPa	内摩擦角 /(°)	黏聚力 /MPa
飞仙关组第一段	泥质粉砂岩	43	2.58	32.67	3.72	52.85	3.52
长兴组	灰岩	14	2.62	62.23	9.11	58.31	6.80
龙潭组	泥质粉砂岩(顶)	8	2.51	32.14	2.19	53.27	3.12
	粉砂岩	22	2.55	38.53	3.96	52.22	4.20
	6 中煤层	3	1.47	—	0.37	22.78	0.83
	泥质粉砂岩(底)	13	2.56	26.17	4.46	51.12	3.16

表 5.2　煤层开采覆岩垮落带、导高计算公式

覆岩岩性	单轴抗压强度/MPa	垮落带计算公式	导高计算公式
坚硬	40~80	$H_k = \dfrac{100 \sum M}{2.1 \sum M + 16} \pm 2.5$	$H_{li} = \dfrac{100 \sum M}{1.2 \sum M + 2.0} \pm 8.9$
中硬	20~40	$H_k = \dfrac{100 \sum M}{4.7 \sum M + 19} \pm 2.2$	$H_{li} = \dfrac{100 \sum M}{1.6 \sum M + 3.6} \pm 5.6$
软弱	10~20	$H_k = \dfrac{100 \sum M}{6.2 \sum M + 32} \pm 1.5$	$H_{li} = \dfrac{100 \sum M}{3.1 \sum M + 5.0} \pm 4.0$

续表

覆岩岩性	单轴抗压强度/MPa	垮落带计算公式	导高计算公式
极软弱	<10	$H_k = \dfrac{100 \sum M}{7.0 \sum M + 63} \pm 1.2$	$H_{li} = \dfrac{100 \sum M}{5.0 \sum M + 8.0} \pm 3.0$

$$H_k = \frac{100 \sum M}{4.7 \sum M + 19} \pm 2.2 \tag{5.1}$$

$$H_{li} = \frac{100 \sum M}{1.6 \sum M + 3.6} \pm 5.6 \tag{5.2}$$

式中,H_k 为垮落带高度,m;H_{li} 为导水裂隙带高度,m;$\sum M$ 为累计采厚,m。

由此得到 6 中 S205 工作面煤层开采垮落带高度为 11.3 m,导水裂隙带高度为 41.3 m,"两带"发育高度为 52.6 m。"两带"经验公式计算高度大于煤层顶板到长兴组底板的距离,长兴组岩溶裂隙承压含水层对工作面煤层开采安全性产生影响。

5.2 煤层开采覆岩变形破坏特征数值模拟

5.2.1 软件简介

3DEC(3 Dimension Distinct Element Code,三维离散单元法程序)是以离散单元法为基本理论,以"拉格朗日"为算法基础,描述离散介质力学效应的分析程序。岩体中存在结构面导致其呈现出不连续性,利用有限单元法分析研究时,其结论科学性存疑,而 3DEC 针对此类研究时,通过模型内置多种不同材料模型,模拟非连续介质计算结果中呈现的特征。利用 3DEC 建立煤层开采覆岩变形破坏特征研究具有如下优势:

①3DEC 可以分析覆岩在荷载作用下静态及动态变形破坏特征；

②3DEC 内置丰富的岩体结构模型，可根据具体研究问题选择相适应的模型；

③3DEC 可以建立由刚性或可变形块体与结构面组成的三维模型，根据研究的实际情况，对不同范围岩体设定不同属性；

④3DEC 支持对模型运行情况进行实时查看，可以对模型进行移动、缩放、局部隐藏等交互式操作；

⑤3DEC 通过命令流对模型进行驱动，可准确地辨别每条命令的读取应用情况。

5.2.2　模型建立

以绿塘煤矿 6 中 S205 工作面地质条件为研究背景，研究区内地层物理力学参数为建模参数的主要依据，建立数值模型。

（1）模型尺寸：设置数值模型长度为 220 m，高度为 150 m，宽度为 15 m，模型走向两侧各留 30 m 保护煤柱。

（2）模型构成：根据研究工作面的地质背景，对煤层顶、底板岩层进行概化，将煤层底板竖向 60 m 范围内统一划分为泥质粉砂岩，并设置为不可变形体。煤岩层由上至下分别为飞仙关组第一段泥质粉砂岩、长兴组灰岩、龙潭组泥质粉砂岩（顶）、龙潭组粉砂岩、龙潭组 6 中煤层、龙潭组泥质粉砂岩（底）。研究区 6 中煤层平均采厚 3 m，煤层倾角 2°，此次建模煤层倾角取 0°。模型构建煤岩层厚度见表 5.3。

表 5.3　模型构建煤岩层厚度

地层岩性	厚度/m
飞仙关组第一段泥质粉砂岩	43
长兴组灰岩	14

续表

地层岩性	厚度/m
龙潭组泥质粉砂岩(顶)	8
龙潭组粉砂岩	22
龙潭组 6 中煤层	3
龙潭组泥质粉砂岩(底)	60

（3）模型划分：对模型结构进行层间及层内节理划分，形成 5 341 846 个块体单元格，通过 genedge 命令生成四面体有限差分单元格来对模型中的块体进行填充，定义模型为莫尔库仑模型。

（4）模型参数：根据资料及《工程地质手册》经验值，得到各煤岩层物理力学参数见表 5.4，节理物理力学参数见表 5.5。

表 5.4　各煤岩层物理力学参数

岩性	块体密度/(kg·m⁻³)	抗拉强度/MPa	剪切模量/GPa	体积模量/GPa	弹性模量/GPa	内摩擦角/(°)	黏聚力/MPa
泥质粉砂岩	2 780	3.72	7.86	16.10	20.29	52.85	3.52
灰岩	2 820	9.11	21.49	39.56	54.59	58.31	6.80
泥质粉砂岩(顶)	2 710	2.19	17.90	34.72	45.83	53.27	3.12
粉砂岩	2 850	3.96	8.60	16.68	22.02	52.22	4.20
6 中煤层	1 470	0.37	8.12	7.98	18.19	22.78	0.83
泥质粉砂岩(底)	2 560	4.46	11.15	22.83	28.77	51.12	3.16

表 5.5　节理物理力学参数

岩性	法向刚度 /GPa	切向刚度 /GPa	内摩擦角 /(°)	黏聚力 /MPa	抗拉强度 /MPa
泥质粉砂岩	2.80	1.50	30	0.50	0.04
灰岩	2.40	2.50	28	0.40	0.03
泥质粉砂岩(顶)	2.05	2.08	30	0.50	0.04
粉砂岩	2.07	2.09	35	0.50	0.04
6 中煤层	0.40	0.15	24	0.40	0.02
泥质粉砂岩(底)	2.11	2.11	30	0.50	0.04

(5)边界条件:对模型 4 个侧面以及底面进行边界条件设置,固定模型侧面边界水平方向位移,固定煤层底面边界垂直和水平方向位移,模型顶面允许自由运动。在模型顶部平面施加 107 kPa 竖向均匀荷载,以代替未建立模型岩层重力影响。建立 3DEC 数值模型,如图 5.9 所示。

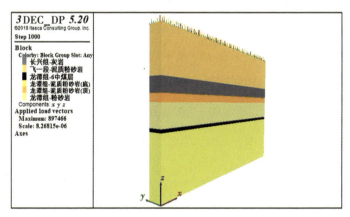

图 5.9　3DEC 数值模型结构示意图

(6)模型进行逐步开挖,计算为每 420 步开挖 2 m,共开挖 33 600 步。软件对开采之后的最大不平衡力进行计算,当最大不平衡力降低至可以忽略不计时,判定模型达到平衡并进行保存,然后进行下一步开挖。

为监测覆岩在煤层开采过程中竖向位移与应力的变化情况,在覆岩布置5 条水平监测线,每条监测线间竖向距离为 9 cm,每条监测线监测点间距为 20 cm,共 45 个位移监测点,40 个应力监测点。位移监测点及应力监测点坐标见表5.6。

5.2.3 结果分析

1)覆岩变形破坏特征

随着煤层开采工作面的推进,覆岩破坏形态如图 5.10 所示。当煤层开采至 40 m 时,煤层顶板未出现明显裂隙。当煤层开采至 60 m 时,顶板粉砂岩层内中下部出现微小裂隙。当煤层开采至 80 m 时,粉砂岩出现弯曲下沉,顶板裂隙范围继续扩大至泥质粉砂岩中下部。当煤层开采至 100 m 时,顶板粉砂岩靠近开切眼侧出现明显离层裂隙,粉砂岩弯曲下沉量继续增大,顶板裂隙范围继续向上发育。当煤层开采至 120 m 时,粉砂岩底部岩层发生断裂并垮落,粉砂岩顶部出现层间裂隙。当煤层开采至 140 m 时,粉砂岩垮落带高度继续增加,顶板粉砂岩层间裂隙开始扩张,煤层顶板裂隙范围发育至飞仙关组第一段泥质粉砂岩层中下部。当煤层开采至 160 m 时,垮落带高度不变,但走向长度变大;粉砂岩与泥质粉砂岩接触面层间裂隙被逐渐压裂闭合,泥质粉砂岩中下部也出现断裂现象,长兴组灰岩出现弯曲下沉,煤层顶板裂隙范围发育至飞仙关组第一段中部。

表 5.6　数值模型覆岩位移及应力监测点坐标

		监测点 1	监测点 2	监测点 3	监测点 4	监测点 5	监测点 6	监测点 7	监测点 8	监测点 9
位移监测点	监测线 1 坐标	监测点 1 (22,15,72)	监测点 2 (44,15,72)	监测点 3 (66,15,72)	监测点 4 (88,15,72)	监测点 5 (110,15,72)	监测点 6 (132,15,72)	监测点 7 (154,15,72)	监测点 8 (176,15,72)	监测点 9 (198,15,72)
	监测线 2 坐标	监测点 10 (22,15,81)	监测点 11 (44,15,81)	监测点 12 (66,15,81)	监测点 13 (88,15,81)	监测点 14 (110,15,81)	监测点 15 (132,15,81)	监测点 16 (154,15,81)	监测点 17 (176,15,81)	监测点 18 (198,15,81)
	监测线 3 坐标	监测点 19 (22,15,90)	监测点 20 (44,15,90)	监测点 21 (66,15,90)	监测点 22 (88,15,90)	监测点 23 (110,15,90)	监测点 24 (132,15,90)	监测点 25 (154,15,90)	监测点 26 (176,15,90)	监测点 27 (198,15,90)
	监测线 4 坐标	监测点 28 (22,15,99)	监测点 29 (44,15,99)	监测点 30 (66,15,99)	监测点 31 (88,15,99)	监测点 32 (110,15,99)	监测点 33 (132,15,99)	监测点 34 (154,15,99)	监测点 35 (176,15,99)	监测点 36 (198,15,99)
	监测线 5 坐标	监测点 37 (22,15,108)	监测点 38 (44,15,108)	监测点 39 (66,15,108)	监测点 40 (88,15,108)	监测点 41 (110,15,108)	监测点 42 (132,15,108)	监测点 43 (154,15,108)	监测点 44 (176,15,108)	监测点 45 (198,15,108)
应力监测点	监测线 1 坐标	监测点 1 (33,15,72)	监测点 2 (55,15,72)	监测点 3 (77,15,72)	监测点 4 (99,15,72)	监测点 5 (121,15,72)	监测点 6 (143,15,72)	监测点 7 (165,15,72)	监测点 8 (187,15,72)	—
	监测线 2 坐标	监测点 9 (33,15,81)	监测点 10 (55,15,81)	监测点 11 (77,15,81)	监测点 12 (99,15,81)	监测点 13 (121,15,81)	监测点 14 (143,15,81)	监测点 15 (165,15,81)	监测点 16 (187,15,81)	—
	监测线 3 坐标	监测点 17 (33,15,90)	监测点 18 (55,15,90)	监测点 19 (77,15,90)	监测点 20 (99,15,90)	监测点 21 (121,15,90)	监测点 22 (143,15,90)	监测点 23 (165,15,90)	监测点 24 (187,15,90)	—
	监测线 4 坐标	监测点 25 (33,15,99)	监测点 26 (55,15,99)	监测点 27 (77,15,99)	监测点 28 (99,15,99)	监测点 29 (121,15,99)	监测点 30 (143,15,99)	监测点 31 (165,15,99)	监测点 32 (187,15,99)	—
	监测线 5 坐标	监测点 33 (33,15,108)	监测点 34 (55,15,108)	监测点 35 (77,15,108)	监测点 36 (108,15,108)	监测点 37 (121,15,108)	监测点 38 (143,15,108)	监测点 39 (165,15,108)	监测点 40 (187,15,108)	—

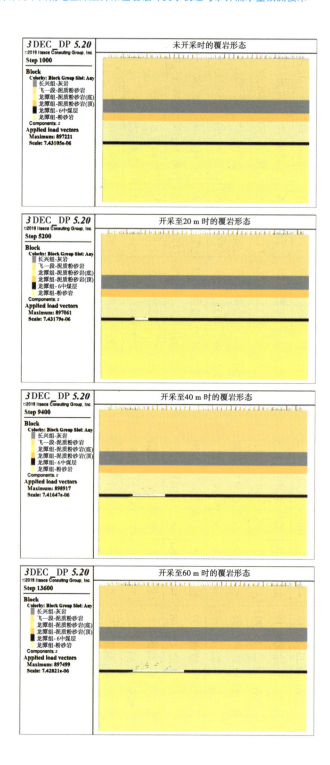

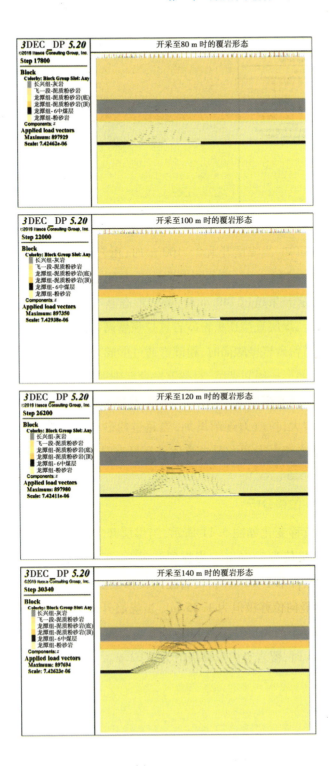

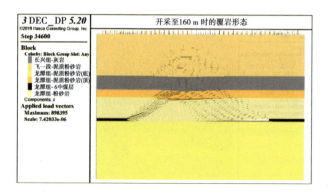

图 5.10   煤层开采时的覆岩形态变化

由图 5.10 可知,当煤层开采 0～100 m 时,覆岩形态整体上逐步缓慢破坏;当煤层开采 100～140 m 时,覆岩形态发生较大变化,岩层出现离层、断裂直至垮落现象;当煤层开采超过 140 m 后,覆岩形态基本稳定。覆岩形态呈现这样的变化规律在于,煤层直接顶板粉砂岩抗拉强度高,且岩层厚度大,当裂隙发育至粉砂岩与泥质粉砂岩接触面时,粉砂岩通过形成“梁”的结构形式支撑上部岩层,在岩层接触面形成层间裂隙,对裂隙发育起到遏制作用,从而导致裂隙发育速度明显降低。随着煤层开采进度的增加,粉砂岩开始弯曲下沉,粉砂岩顶部离层区域逐渐增大,拉应力逐渐增加,当超过粉砂岩抗拉强度时,岩层发生破坏,覆岩形态随之产生突变。覆岩整体破坏形态呈马鞍形,煤层顶板垮落带与工作面底角呈 36.5°。

2）覆岩竖向位移分析

覆岩竖向位移变化如图 5.11 所示,当煤层开采至 40 m 时,靠近开切眼侧覆岩位移最大,极值为 0.06 m。当煤层开采至 60 m 时,覆岩竖向位移极值为 0.15 m。当煤层开采至 80 m 时,覆岩竖向位移极值为 0.56 m。当煤层开采至 100 m 时,覆岩竖向位移极值为 1.35 m。当煤层开采至 120 m 时,覆岩竖向位移极值为 2.13 m。当煤层开采至 140 m 时,覆岩竖向位移极值为 3.07 m。当煤层开采至 160 m 时,覆岩竖向位移极值为 3.02 m。

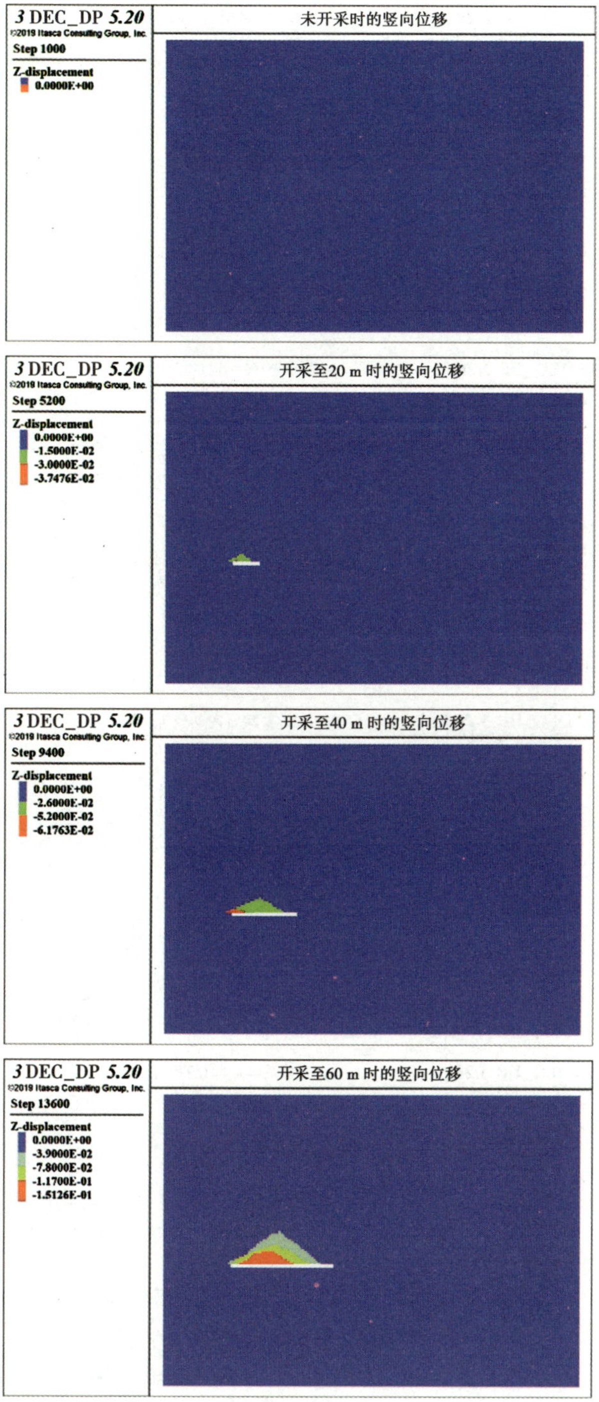
3DEC_DP 5.20
©2019 Itasca Consulting Group, Inc.
Step 1000
Z-displacement
0.0000E+00
未开采时的竖向位移
3DEC_DP 5.20
©2019 Itasca Consulting Group, Inc.
Step 5200
Z-displacement
0.0000E+00
-1.5000E-02
-3.0000E-02
-3.7476E-02
开采至20 m 时的竖向位移
3DEC_DP 5.20
©2019 Itasca Consulting Group, Inc.
Step 9400
Z-displacement
0.0000E+00
-2.6000E-02
-5.2000E-02
-6.1763E-02
开采至40 m 时的竖向位移
3DEC_DP 5.20
©2019 Itasca Consulting Group, Inc.
Step 13600
Z-displacement
0.0000E+00
-3.9000E-02
-7.8000E-02
-1.1700E-01
-1.5126E-01
开采至60 m 时的竖向位移

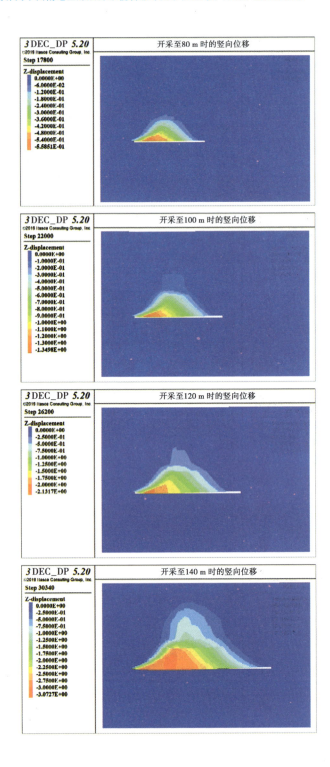

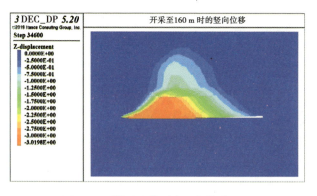

图 5.11 煤层开采覆岩竖向位移云图

由图 5.11 可知,随着工作面的推进,覆岩竖向位移逐渐增大,竖向位移区向前延伸,由于破碎岩体存在碎胀性,覆岩位移量受到临空面限制从下往上逐渐减小。随着煤层的持续开采,覆岩在围岩应力和自身重力作用下发生竖向位移,覆岩发生破坏后,上覆岩体对下覆岩体产生挤压作用,同一岩层竖向位移阶段性逐步增大。通过观察覆岩竖向位移量随工作面推进变化情况,竖向位移发育明显滞后于工作面开采,主要原因在于岩层竖向位移受到岩层破坏程度的影响,顶板发生弯曲下沉时,竖向位移变化量极小,当顶板粉砂岩层发生断裂迅速垮塌时,竖向位移突然增大。

对煤层开采过程中覆岩竖向位移进行监测,得到如图 5.12 所示的曲线。

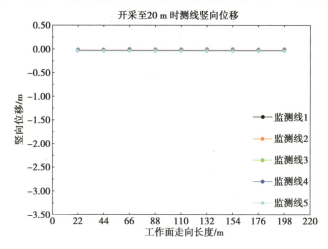

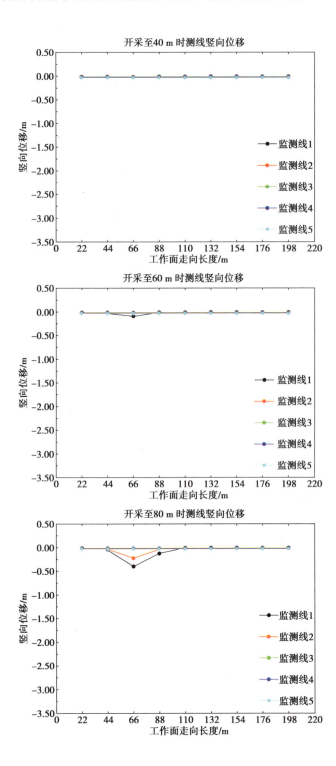

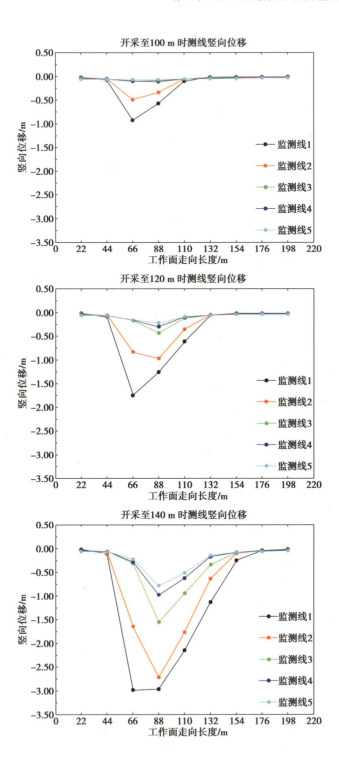

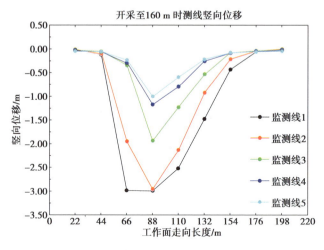

图 5.12　煤层开采监测点竖向位移

由图 5.12 可知,当煤层开采至 100 m 之前,煤层直接顶板粉砂岩不断弯曲下沉,当煤层开采至 120 m 后,泥质粉砂岩和长兴组灰岩开始出现下沉趋势,由于垮落带的充填作用,龙潭组泥质粉砂岩和长兴组灰岩竖向位移量均小于粉砂岩。监测线 1 最大竖向位移量为 3 m,监测线 2 最大竖向位移量为 2.98 m,监测线 3 最大竖向位移量为 1.96 m,监测线 4 最大竖向位移量为 1.19 m,监测线 5 最大竖向位移量为 1.03 m。

3)覆岩竖向应力分析

随着煤层的开采,覆岩竖向应力如图 5.13 所示。当煤层开采至 20 m 时,竖向拉应力主要集中在煤柱两侧,拉应力极值为 8.13 MPa,竖向压应力呈扇形分布于煤层顶板,压应力极值为 1.85 MPa。当煤层开采至 40 m 时,工作面两侧煤柱拉应力极值达到 9.40 MPa,工作面上方破坏区内压应力极值增大为 2.68 MPa。当煤层开采至 60 m 时,拉应力极值达到 11.40 MPa,压应力极值增大为 3.19 MPa。当煤层开采至 80 m 时,拉应力极值达到 12.78 MPa,压应力极值增大为 5.25 MPa。当煤层开采至 100 m 时,拉应力极值达到 13.30 MPa,压应力极值增大为 5.53 MPa。当煤层开采至 120 m 时,拉应力极值达到 13.89 MPa,压应力极值增加为 6 MPa。当煤层开采至 140 m 时,拉应力极值达到 29.26 MPa,压应力极值增加为 6.74 MPa。当煤层开采至 160 m 时,拉应力极值达到 25.38 MPa,压应力极值增加为 8.26 MPa。

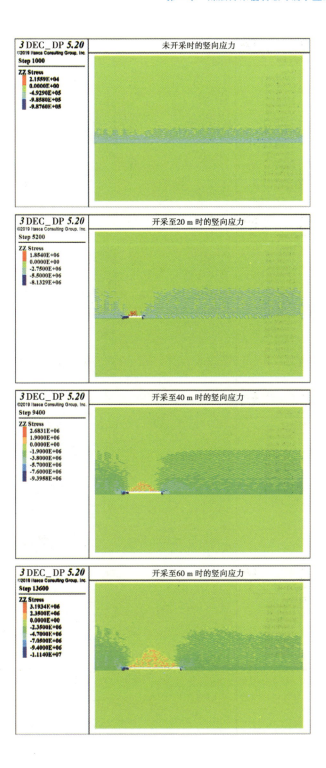

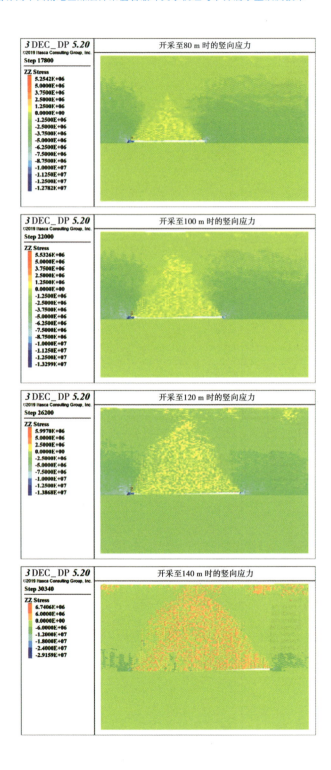

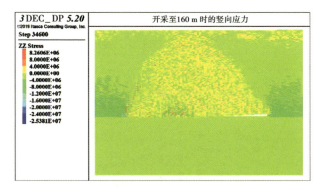

图 5.13　煤层开采覆岩竖向应力云图

由图 5.13 可知,应力分布范围均呈现以工作面中心向两侧扩散的对称分布形态,煤层开采过程中,应力增大速度逐渐变缓。随着煤层的开采,围岩发生应力释放,围岩应力向保护煤柱与工作面前方的煤层与围岩转移。在工作面上方直接顶板粉砂层内应力逐渐减小,开切眼及工作面两侧煤柱围岩应力明显增大,出现应力集中的现象。应力集中位置随着煤层开采而向前转移,在远离开采工作面处,岩体与煤层中应力基本不变,该区域应力主要受埋深影响,随深度的增加而逐渐增加,煤层采动对其影响较小。

对煤层开采过程中覆岩监测线竖向应力进行监测,得到如图 5.14 所示的曲线。

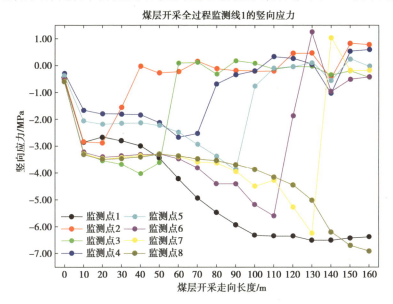

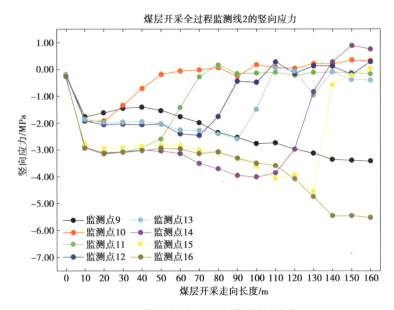

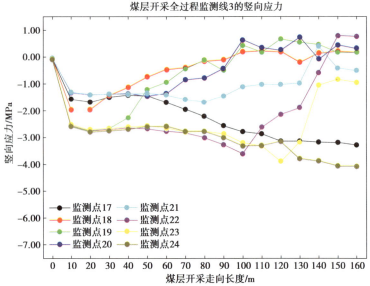

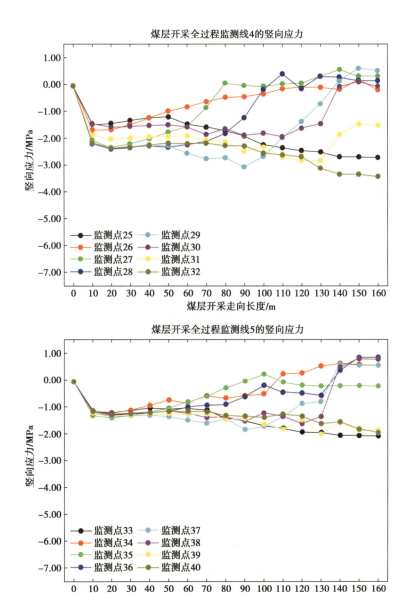

图 5.14 煤层开采过程中监测线的竖向应力

由图 5.14 可知,通过分析监测线竖向应力变化过程,随着煤层的持续开采,在覆岩变形破坏范围内的同一水平高度监测线上监测点竖向应力变化规律可分为 4 个阶段,依次为应力增大阶段、应力稳定阶段、应力减小阶段、应力保持阶段。第一阶段的应力增大反映工作面上方的卸压会使周围岩体内的竖向应力增大;第二阶段的应力保持稳定是由于覆岩卸压后,应力不会立即恢复而形成短暂的应力保持不变;第三阶段的应力突然减小表示应力的突然释放,覆岩发生剪切破坏,竖向应力由拉应力向压应力转化;第四阶段的应力基本保持不变,说明了应力发生释放后逐渐恢复的过程,由于岩层之间的支撑作用,应力恢复将保持稳定。靠近开切眼一侧岩层竖向应力增加速度逐渐减小,这是由于煤层顶板垮落后分担了这一侧的上覆岩层自重应力,使得应力集中区域减小。靠近停采线一侧的岩层竖向应力增加速度逐渐增大,距停采处越近,越靠近自重应力的集中区域,岩体则需要提供更大的支撑力。

4)覆岩塑性区分析

确定覆岩破坏范围的常用方法是依据强度准则和岩石力学参数对覆岩塑性区范围进行判别,塑性区范围随着煤层回采逐渐变化,以此作为覆岩破坏区。

随着煤层的持续开采,覆岩塑性区变化情况如图 5.15 所示。当煤层开采至 20 m 时,工作面顶板粉砂岩底部局部出现剪切破坏。当煤层开采至 40 m 时,剪切破坏点增多,破坏范围不断扩大。当煤层开采至 60 m 时,位于开切眼及煤柱两侧均有小范围剪切破坏出现。当煤层开采至 80 m 时,粉砂岩中剪切破坏范围高度持续变大。当煤层开采至 100 m 时,剪切破坏点范围发育至粉砂岩与泥质粉砂岩层间接触面,在开切眼侧及煤柱围岩剪切破坏范围持续变大。当煤层开采至 120 m 时,工作面上覆粉砂中剪切破坏点局部沟通,岩层底部发生断裂;在粉砂岩与泥质粉砂岩层之间的接触面的剪切破坏点局部沟通,形成层间裂隙。当煤层开采至 140 m 时,剪切范围高度扩大至泥质粉砂岩与长兴组灰岩层间接触面,在开切眼侧围岩剪切破坏点完全沟通,粉砂岩局部范围发生垮落堆积。当煤层开采至 160 m 时,开切眼侧粉砂岩剪切破坏点沟通,岩层发生大范围垮落,在泥质粉砂岩与长兴组灰岩的剪切破坏范围扩大,层间裂隙发生闭合,在长兴组灰岩靠近开切眼侧出现局部剪切破坏点。通过分析煤层开采全过程覆岩塑性区分布,可以得到,覆岩垮落带最终高度为 20.5 m,导水裂隙带发育最终高度为 18.9 m。

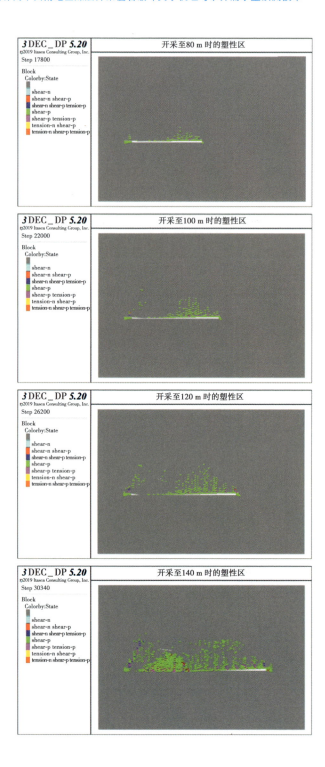

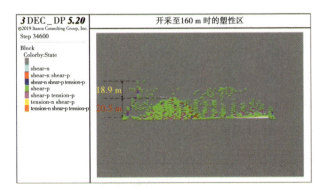

图 5.15 煤层开采覆岩塑性区分布

由图 5.15 可知,随着煤层开采工作面的推进,采空区上方发生剪切破坏,在未达到采空区上方岩层承受极限时,顶板未发生垮落,覆岩破坏高度发育速度较慢,在工作面走向两端产生的应力集中。当煤层持续开采时,小部分岩层发生垮落,覆岩破坏并不是单一进行逐层发育,而是首先在各岩层中局部发育,然后随着工作面的推进,覆岩破坏区逐渐增高,局部破坏点贯通,最终覆岩破坏高度逐渐增加。

5.3 煤层开采覆岩"两带"高度

由于研究区没有 6 中煤层开采覆岩"两带"高度实测值,因此需通过建立煤层开采数值模型得出覆岩"两带"高度,并与经验公式计算结果进行对比。其中,经验公式计算结果为 52.6 m,数值模拟研究结果为 39.4 m,数值模拟结果小于经验公式计算结果。其原因在于,经验公式计算只考虑了煤层采厚和顶板直接岩性抗压强度两个因素,忽略了覆岩岩性组合这一重要因素,且《"三下"规范》是在总结我国华北地区二叠系煤层赋存地质条件及开采工艺的基础上形成的一套经验计算方法。通过收集黔北矿区众多矿井资料后了解到,应用于西南岩溶地区时,计算结果与实际情况往往存在误差。

本章基于西南岩溶地区典型煤矿建立煤层开采数值模型,重点考虑煤层覆岩岩性组合特征及矿山水文地质条件,研究结果更符合矿山现有的真实情况。其中,利用 3DEC 所建立的数值模型,是完全依据研究区煤层地质条件及开采工艺构建的,研究结果更接近矿山的真实情况。本章从保守角度考虑,将煤层开采数值模拟研究结果作为覆岩"两带"高度发育判定依据。

如图 5.16 所示,绿塘煤矿目前正在开采南二采区 6 中煤层,南一采区先期开采地段形成了大量 7#煤及 16#煤采空区。为查明已有采空区覆岩垮落带及导水裂隙带高度的发育情况,利用 3DEC 构建研究区 7#煤及 16#煤层开采数值模型,确定"两带"高度。

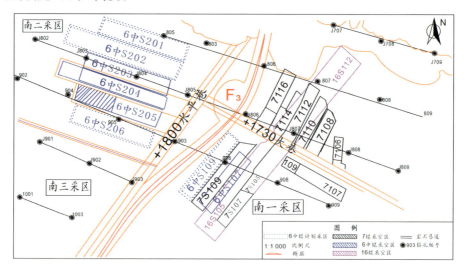

图 5.16 研究区工作面布置图

以南一采区+1730 大巷南翼 7S107 工作面为模型建立地质背景,7S107 工作面 7#煤及其下部 16#煤层均已开采,研究区内 7#煤及 16#煤层顶、底板岩性组合特征及岩体物理力学参数见表 5.7,节理物理力学参数参照表 5.5 及《工程地质手册》规范经验值。

表 5.7　煤岩层物理力学参数

地层	岩性	厚度/m	块体密度/(kg·m⁻³)	抗拉强度/MPa	剪切模量/GPa	体积模量/GPa	弹性模量/GPa	内摩擦角/(°)	黏聚力/MPa
长兴组	灰岩	14	2 820	9.11	21.49	39.56	54.59	58.31	6.80
龙潭组	泥质粉砂岩	8	2 710	2.19	17.90	34.72	45.83	53.27	3.12
	粉砂岩	22	2 850	3.96	8.60	16.68	22.02	52.22	4.18
	6 中煤	3	1 470	0.37	8.12	7.98	18.19	22.78	0.83
	泥质粉砂岩	13	2 560	4.46	11.15	22.83	28.77	51.12	3.16
	粉砂质泥岩	12	2 860	4.74	9.29	19.03	23.98	52.29	4.20
	7#煤	1.97	1 470	0.37	8.12	7.98	18.19	22.78	0.83
	泥质粉砂岩	18	2 840	3.29	12.54	24.31	32.09	52.85	3.52
	粉砂岩	24	2 790	2.43	11.24	21.80	28.77	49.72	2.00
	16#煤	2.06	1 470	0.37	8.12	7.98	18.19	22.78	0.83
	泥质粉砂岩	38	2 600	3.15	13.39	24.64	34.0	55.59	5.60

　　7#煤及16#煤层开采数值模型建立步骤与6中煤层开采数值模型建立一致,首先设定模型长为220 m、宽为15 m、高为156 m,研究区内7#煤及16#煤层倾角均小于2°,建立模型时,设置煤层倾角为0°,将16#煤底板泥质粉砂岩设定为不可变形体。对模型结构进行层间及层内节理划分,形成5 213 452块体,通过genedge命令生成四面体单元格对模型进行填充,并定义模型类型为莫尔库伦模型,允许模型顶面产生移动,在模型顶面施加68 kPa均匀竖向应力以代替模型未模拟地层应力影响。建立7#煤及16#煤层开采"两带"高度发育研究数值模型,如图5.17所示。

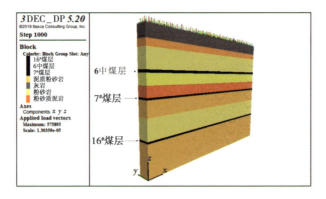

图 5.17 $7^{\#}$煤及 $16^{\#}$煤层开采"两带"高度发育研究数值模型

如图 5.18 所示,通过分析煤层开采后覆岩塑性区分布可以得出,$7^{\#}$煤层开采覆岩垮落带为 27.2 m,导水裂隙带为 24.9 m,"两带"高度为 52.1 m,$16^{\#}$煤层覆岩垮落带为 19.3 m,导水裂隙带为 12.5 m,"两带"高度为 31.8 m。

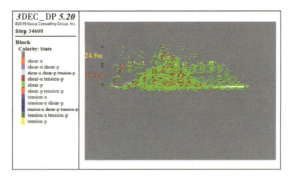

(a)$7^{\#}$煤层开采覆岩"两带"高度

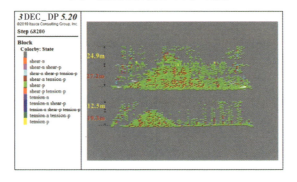

(b)$16^{\#}$煤层开采覆岩"两带"高度

图 5.18 $7^{\#}$煤及 $16^{\#}$煤层开采覆岩塑性区分布

统计研究区内工作面附近钻孔数据,得到煤层顶板到长兴组岩溶承压含水层底板距离,见表5.8。

表5.8　煤层顶板与长兴组底板的间距

钻孔编号	煤层顶板到长兴组底板间距/m		
	16#煤	7#煤	6 中煤
904	103.9	47.7	28.2
905	111.9	50.2	27.7
906	126.1	48.3	29.6
908	122.1	44.8	31.9
909	107.9	45.7	31.3
J803	112.8	56.4	32.7
J804	116.5	58.3	34.7
J806	116.2	54.2	34.7
J807	119.4	55.2	36.9
J808	108.3	59.8	37.5
805	115.7	61.1	34.6
807	108.4	60.2	35.5

16#煤层开采覆岩"两带"高度发育为31.8 m,研究区16#煤已有开采工作面为南一采区+1730 大巷南翼 16S105 及北翼 16S112 工作面,16S105、16S112 工作面 16#煤层顶板距离长兴组底板分别为 123.2 m、113.6 m,均大于"两带"高度,煤层开采形成的垮落带及导水裂隙带未沟通顶板长兴组含水层。

7#煤层开采覆岩"两带"高度发育为52.1 m,研究区 7#煤已有开采工作面为南一采区+1730 大巷南翼 7S109、7S107、7S105、7109、7107 及北翼 7116、7114、7112、7110、7108、7106。其中,+1730 大巷南翼 7S109、7S107、7S105、7109、7107工作面 7#煤层顶板距离长兴组底板分别为 48.3 m、46.5 m、46.6 m、44.8 m、45.7 m,均小于 7#煤开采覆岩"两带"高度,+1730 大巷南翼采空区覆岩"两带"均沟通了顶板长兴组含水层。+1730 大巷北翼 7116、7114、7112、7110、7108、7106 工作面 7#煤层顶板距离长兴组底板分别为 54.5 m、54.9 m、55.2 m、57.2 m、58.5 m、58.7 m,均大于 7#煤开采覆岩"两带"高度,+1730 大巷南翼采空区覆岩"两带"均未沟通顶板长兴组含水层。

6 中煤层开采覆岩"两带"高度发育为 39.4 m,研究区 6 中煤已有开采工作面为南一采区+1730 大巷南翼 6 中 S109 及南二采区 6 中 S203、6 中 S204 工作面,未来 5 年计划开采工作面分别为南二采区 6 中 S205、6 中 S206、6 中 S202、6 中 S201 及南一采区+1730 大巷南翼 6 中 S109 工作面。6 中煤层现有采空区及未来计划开采工作面 6 中 S107、6 中 S203、6 中 S204、6 中 S205、6 中 S206、6 中 S202、6 中 S201、6 中 S109 煤层顶板距离长兴组底板分别为 30.6 m、34.7 m、32.5 m、28.2 m、27.7 m、33.5 m、34.6 m、28.5 m,均小于 6 中煤层开采覆岩"两带"高度,研究区内 6 中煤层开采工作面覆岩"两带"均沟通了顶板长兴组含水层。

5.4 地下水数值模型矿井涌水量预测

5.4.1 软件简介

20 世纪 80 年代,美国地质勘探局开发了 GMS(Groundwater Modeling System,地下水模型系统)软件,现由 Aqua 公司承袭,并对 GMS 进行不断改进、升级,被广泛应用于解决地下水相关问题。采用 GMS 研究矿井涌水量具有以下优势:

①利用 GMS 中的概念模型方法可有效提升复杂地质背景下地下水数值模型建立效率;根据实际研究需求,支持多种格式数据输入。

②GMS 支持三维可视化显示,提供可选择的投影坐标地理系统及 Web 数据服务。

③GMS 拥有 ArcGIS 地理数据库和 shapefile 文件包,具有先进的地下特征描述。

5.4.2　数学模型建立

研究区内地下水流存在水平和竖向运动,参数随时空的改变而发生变化,通过渗流理论与达西定律推导出研究区三维非稳定流数学模型,见式(5.3)。

$$\begin{cases}
S_S \dfrac{\partial H}{\partial t} = \dfrac{\partial}{\partial x}\left(K_{xx}\dfrac{\partial H}{\partial x}\right) + \dfrac{\partial}{\partial y}\left(K_{yy}\dfrac{\partial H}{\partial x}\right) + \dfrac{\partial}{\partial z}\left(K_{zz}\dfrac{\partial H}{\partial z}\right) + \varepsilon , (x,y,z) \in \Omega, t \geqslant 0 \\[2mm]
\mu \dfrac{\partial h}{\partial t} = K_{xx}\left(\dfrac{\partial h}{\partial x}\right)^2 + K_{yy}\left(\dfrac{\partial h}{\partial y}\right)^2 + K_{zz}\left(\dfrac{\partial h}{\partial z}\right)^2 - K_{zz}\dfrac{\partial h}{\partial z} + p , (x,y,z) \in \Gamma_0, t \geqslant 0 \\[2mm]
H(x,y,z,t)\big|_{t=0} = h_0 , (x,y,z) \in \Omega, t \geqslant 0 \\[2mm]
H(x,y,z,t)\big|_{\Gamma_1} = H_1(x,y,z,t) , (x,y,z,t) \in \Gamma_1, t \geqslant 0 \\[2mm]
k \dfrac{\partial H}{\partial n}\big|_{\Gamma_2} = q(x,y,z,t) , (x,y,z,t) \in \Gamma_2, t \geqslant 0
\end{cases}$$

$$(5.3)$$

式中,h_0 为地下水初始水位,m;H 为含水层边界处水位,m;K_{xx}、K_{yy}、K_{zz} 分别为含水层 x、y、z 方向的渗透系数,m/d;S_S 为承压含水层贮水率,1/m;u 为潜水含水层给水度;q 为流量边界单宽流量,m³/d;ε 为源汇项;Ω 为研究区域;Γ_0 为潜水含水层上界;Γ_1 为水头边界;Γ_2 为流量边界;n 为边界 Γ_2 外法线方向;p 为潜水面降雨入渗系数,m/d。

5.4.3　数值模型建立

采用概念模型建立地下水数值模型,根据研究区水文地质资料和钻孔资料,使用 Solids 模块建立研究范围的地层实体模型,将实体模型转化为相对应的网格模型,通过 Map 模块的实体属性单元来概化边界条件、源汇项、水文地质参数输入等,最后将 Map 数据导入网格模型中,新建地下水流模型并设置计算条件,开始模拟计算。以 2018 年 5 月的资料数据作为模型计算的初始条件,利用 2020 年 10 月的资料数据对模型进行校核。

1）模型范围

由于研究区边界为非天然水文边界，根据当地地下水位资料，采用非天然边界处理方法确定模拟区的范围。西以河流为边界，东以 F_1 断层为边界，南以 F_2 断层为边界，F_1 与 F_2 断层均为导水断层，切割龙潭组至飞仙关组地层。确定模型模拟范围面积约为 24 km^2，如图 5.19 所示。

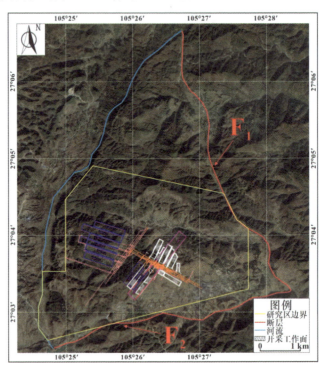

图 5.19　地下水数值模型范围

2）三维地质结构模型建立

绿塘煤矿目前正在开采南二采区，开采煤层为 6 中煤层，其余煤层暂时不进行开采，因此在垂向上，本节以龙潭组底板作为模型底界。

（1）网格剖分

将模型的水文地质参数概化为 X 和 Y 方向上相同，平面与垂向上不同。基于模型范围和模拟精度来决定网格密度，在部分地段适当加密网格，提高模拟精度。模型范围为不规则多边形,平面网格剖分尺寸为 50 m×50 m,边界以外定义为不活动网格。网格模型共 152 行、128 列、3 层、29 736 个活动单元数,如图 5.20 所示。

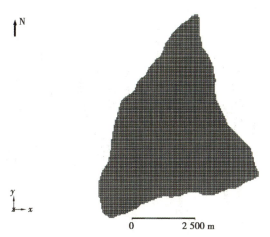

图 5.20　研究区平面剖分网格图

（2）模型结构层概化

根据地层水文地质条件和含、隔水层特征,在垂向上将模型概化为三层结构。第四系厚度较薄,断续分布于各地层之上,遂将第四系与其下伏飞仙关组概化为第一结构层,接受大气降水补给;长兴组概化为第二结构层;龙潭组概化为第三结构层。各结构层特征如下:

①第一结构层:飞仙关组及其上覆的第四系,岩性以泥质粉砂岩、粉砂岩为主,浅部有少量风化裂隙水,深部富水性弱;接受大气降水入渗补给,概化为弱透水潜水含水层。

②第二结构层:长兴组,岩性为灰岩,为岩溶裂隙承压含水层,富水性不均一,概化为透水含水层。

③第三结构层:龙潭组,岩性以泥质粉砂岩、粉砂岩、泥岩为主,6 中煤层赋存在该地层上部;煤层下部的泥岩、黏土岩及泥质粉砂岩总厚度约为 130 m,占该组地层的一半以上,隔水性能较好。概化为弱透水含水层。

3）地质实体建立

将地质钻孔数据导入 GMS 中，在 Borehole 模块中对钻孔进行分层操作，钻孔分层与空间分布如图 5.21 所示。

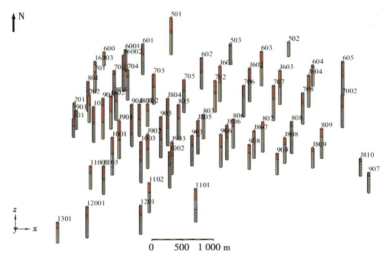

图 5.21　钻孔分层与空间分布图

选择反距离权重插值法，根据 TIN 三角网格将钻孔数据生成三维地质实体，如图 5.22 所示。

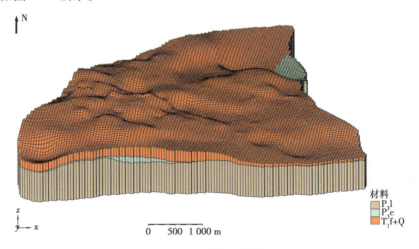

图 5.22　三维地质实体

4)边界条件概化

根据地质结构模型,第一结构层接受大气降水补给,西侧为定水头边界,东侧 F_1 断层为定流量边界,南侧 F_2 断层为定流量边界,如图 5.23 所示。

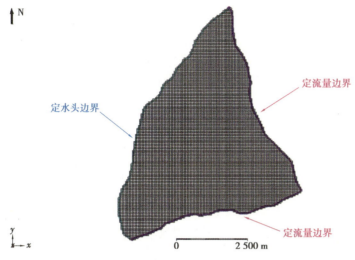

图 5.23　第一结构层边界条件

第二结构层与第三结构层边界条件相同,西侧为长兴组灰岩裸露区,相对地势较高,为零流量隔水边界,东侧 F_1 断层为定流量边界,南侧 F_2 断层为定流量边界,如图 5.24 所示。

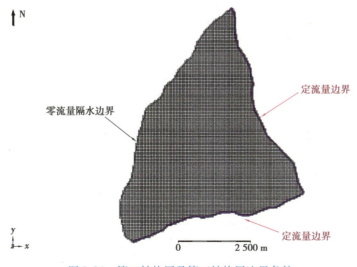

图 5.24　第二结构层及第三结构层边界条件

5) 源汇项设置

根据水文气象数据和涌水量资料,地下水的补给方式以大气降水、侧向流入为主;排泄方式以开采抽排水、季节性冲沟、泉点、侧向流出为主。

(1) 大气降水

大气降水的入渗补给是模型第一结构层的主要补给来源,根据当地气象站得到 2018 年 5 月—2020 年 10 月降雨监测数据,通过式(5.4)计算出逐月降雨入渗补给速率。

$$P_m = \frac{P\alpha}{m} \tag{5.4}$$

式中,P_m 为月降雨入渗补给速率,m/d;P 为月降雨量,m;α 为降雨入渗系数;m 为每月总天数。

研究区飞仙关组裸露基岩较坚硬,裂隙不发育,地势相对较高,不利于大气降水的入渗补给,根据实际情况选择渗入系数为 0.05,由式(5.4)得到逐月每天平均降雨入渗补给率,见表 5.9。在 GMS 中采用 Recharge 模块,将降雨入渗补给速率以面状形式作用于模型第一结构层活动单元格内。

表 5.9 飞仙关组降雨入渗补给率

日期	降雨量/mm	降雨入渗补给率/(m·d⁻¹)	日期	降雨量/mm	降雨入渗补给率/(m·d⁻¹)
2018.05	91.9	0.000 153	2019.11	30.4	0.000 030
2018.06	233.0	0.000 388	2019.12	22.9	0.000 023
2018.07	208.0	0.000 347	2020.01	51.7	0.000 052
2018.08	228.0	0.000 380	2020.02	45.7	0.000 046
2018.09	157.3	0.000 262	2020.03	41.5	0.000 042
2018.10	89.5	0.000 149	2020.04	44.8	0.000 045
2018.11	27.1	0.000 045	2020.05	89.6	0.000 090
2018.12	24.8	0.000 041	2020.06	265.5	0.000 266
2019.01	34.9	0.000 058	2020.07	196.6	0.000 197

续表

日期	降雨量/mm	降雨入渗补给率/(m·d⁻¹)	日期	降雨量/mm	降雨入渗补给率/(m·d⁻¹)
2019.02	22.7	0.000 038	2020.08	35.4	0.000 035
2019.03	40.1	0.000 067	2020.09	291.4	0.000 291
2019.04	141.3	0.000 236	2020.10	71.7	0.000 072
2019.05	161.1	0.000 269	2021.01	74.5	0.000 075
2019.06	136.4	0.000 227	2021.02	63.7	0.000 064
2019.07	281.0	0.000 468	2021.03	59.1	0.000 059
2019.08	131.5	0.000 219	2021.04	132.2	0.000 132
2019.09	168.5	0.000 281	2021.05	180.1	0.000 180
2019.10	151.5	0.000 253	2021.06	228.9	0.000 229

（2）冲沟

研究区沟谷内发育有季节性冲沟,部分冲沟常年有水,流量为 0.02 ~ 0.1 m³/s,呈放射状分布于飞仙关组地表,向研究区外排泄,采用 Drain 模块将其概化为模型排水沟。冲沟统计见表 5.10。

表 5.10　研究区冲沟统计

编号	起点高程/m	终点高程/m	水力传导系数/(m²·d⁻¹)
d1	1 970	1 790	0.60
d2	1 925	1 755	1.20
d3	1 920	1 830	0.48
d4	1 900	1 780	0.72
d5	1 910	1 880	0.33

（3）泉点

研究区内泉点分布广泛,大多数为季节性间歇泉点,作为地下水排泄,采用 Wells 模块将其概化为研究区抽水井。泉点统计见表 5.11。

表 5.11　研究区泉点统计

编号	经度	纬度	流量/(m³·d⁻¹)	抽水层位
s1	105°43′67.38″	27°07′12.74″	25.10	飞仙关组
s2	105°42′43.24″	27°05′41.38″	0.38	飞仙关组
s3	105°44′49.50″	27°06′51.30″	4.32	飞仙关组
s4	105°44′30.63″	27°09′80.39″	4.85	飞仙关组
s5	105°45′85.63″	27°06′86.32″	5.33	长兴组
s6	105°45′79.86″	27°06′06.39″	0.60	长兴组
s7	105°43′75.42″	27°05′75.72″	1.83	长兴组

（4）湖泊

在+1800 水平巷南翼,分布有吊岩水库,采用 General Head 模块将其概化为混合边界,水头高度为 1 945 m,水力传导系数为 0.005 m²/d。

（5）F₃断层

在+1800 水平巷南翼发育 F₃ 断层,断层为导水断层,断矩为 20~60 m,将其概化为渗透系数较大的面状区域,导入模型进行计算。

（6）侧向流入补给及流出排泄

模型西面为河流,采用 River 模块将其概化为河流边界,河流水力传导系数为 2.5 m²/d。东面为 F₁ 断层,南面为 F₂ 断层,均为导水断层,根据式(5.5)计算断层补给排泄量。

$$Q = KMIL \tag{5.5}$$

式中,Q 为侧向补给排泄量,m³/d;K 为含水层渗透系数,m/d;M 为含水层厚度,m;I 为垂直断面水力坡度;L 为断面宽度,m。

（7）矿井抽排水

采用 Wells 模块概化矿井生产过程中矿井涌水量,并将抽水井抽水量替代为矿井涌水量,统计 2018 年 5 月—2020 年 10 月逐月矿井涌水量,见表 5.12。

表 5.12　2018 年 5 月—2020 年 10 月逐月矿井涌水量

日期	矿井涌水量/（m³·d⁻¹）	日期	矿井涌水量/（m³·d⁻¹）
2018.05	7 203	2019.08	12 195
2018.06	7 424	2019.09	9 734
2018.07	9 046	2019.10	8 419
2018.08	10 668	2019.11	7 350
2018.09	7 567	2019.12	4 828
2018.10	6 019	2020.01	5 220
2018.11	4 950	2020.02	6 214
2018.12	2 428	2020.03	6 372
2019.01	2 640	2020.04	7 886
2019.02	3 029	2020.05	8 185
2019.03	3 605	2020.06	8 985
2019.04	5 062	2020.07	9 975
2019.05	8 124	2020.08	13 183
2019.06	9 182	2020.09	11 807
2019.07	11 373	2020.10	8 779

　　南二采区现有工作面及未来计划开采工作面 6 中煤层底板标高为+1 855 m，南一采区+1730 大巷南翼 6 中煤层底板标高为+1 830 m，在工作面及岩石巷道中假定布置多个抽水孔（Q1～Q15），以代替开采过程中矿井排水量，所有抽水孔排水总量即为矿井涌水量。在模型校核阶段，将长兴组水位降低至工作面煤层底板标高，达到模型校核目的。通过上述源汇项设置，确定地下水数值模型源汇项如图 5.25 所示。

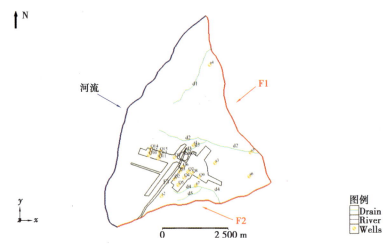

图 5.25　地下水数值模型源汇项

6)"两带"高度耦合

根据煤层开采覆岩"两带"高度计算,确定了现有采空区中,南一采区+1730大巷南翼6中煤、7#煤采空区及南二采区6中煤采空区"两带"高度导通了顶板长兴组含水层。同时,研究区内6中煤未来计划开采区域"两带"高度也导通了顶板长兴组含水层。在模型结构层水文地质参数赋值时,将煤层覆岩"两带"高度导通顶板长兴组区域视为强渗流通道,赋予该区域较大的水文地质参数,以达到"两带"高度与模型耦合的目的。

7)水文地质参数赋值

根据研究区抽水试验数据及《工程地质手册》经验值,确定模型各结构层的渗透系数、给水度、贮水率等水文地质参数。各结构层水文地质参数设定如下。

（1）第一结构层

第一结构层接受大气降水补给入渗,设定含水层垂向渗透系数初值为 0.02 m/d,水平向渗透系数初值为 0.002 m/d,给水度初值为 0.015。

（2）第二结构层

研究区内 J603、808、J802、J808 钻孔对长兴组承压含水层进行抽水试验,通过插值生成不同区域渗透系数,如图 5.26 所示。

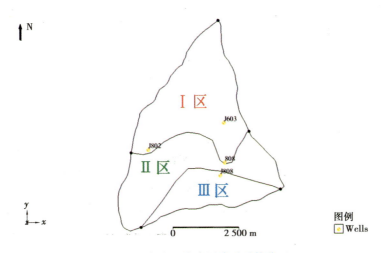

图 5.26　长兴组含水层渗透系数分区

由图 5.26 可知,长兴组含水层渗透系数划分为 Ⅰ—Ⅲ 区。由于缺少长兴组贮水率资料,根据含水层岩性特征及相关经验进行取值,长兴组水文地质参数初值见表 5.13。

表 5.13　长兴组承压含水层渗透性系数及贮水率初值

分区	Ⅰ区	Ⅱ区	Ⅲ区
$K_x/(\text{m} \cdot \text{d}^{-1})$	0.005	0.5	4.5
$K_z/(\text{m} \cdot \text{d}^{-1})$	0.000 5	0.05	9.0
$S_s/(1 \cdot \text{m}^{-1})$	0.000 1	0.000 2	0.005

(3)第三结构层

第三结构层为龙潭组,将煤层开采覆岩"两带"发育高度到达顶板长兴组承压含水层区域进行分区研究,如图 5.27 所示。其中,Ⅰ区为覆岩"两带"高度未到达长兴组区域,Ⅱ区为南二采区覆岩"两带"高度到达长兴组区域,Ⅲ区为南一采区覆岩"两带"高度到达长兴组区域。

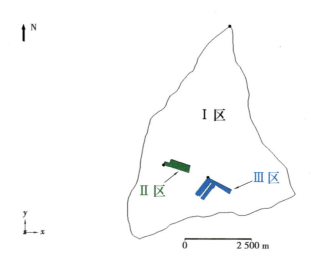

图 5.27 龙潭组含水层渗透系数分区

根据含水层特征以及相关经验进行参数赋值,龙潭组渗透性系数及贮水率初值见表 5.14。

表 5.14 龙潭组渗透性系数及贮水率初值

分区	Ⅰ区	Ⅱ区	Ⅲ区
$K_x/(\mathrm{m \cdot d^{-1}})$	0.036	6.5	4.5
$K_z/(\mathrm{m \cdot d^{-1}})$	0.072	13.0	9.0
$S_s/(1 \cdot \mathrm{m^{-1}})$	0.000 2	0.01	0.005

5.4.4 模型校核

模型整个模拟期分为两个阶段,2018 年 5 月—2020 年 10 月为模型校核期。模型校核完成后,以 2020 年 10 月地下水模型水流场作为初始条件,预测未来 5 年内 6 中煤层开采过程中矿井涌水量,每个模拟期时间步长为 30 天。

1)初始水位

根据 2018 年 5 月地下水位监测资料,采用 Kriging 插值法得到长兴组初始地下水位,如图 5.28 所示。

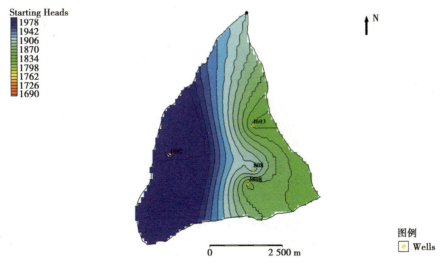

图 5.28　长兴组初始水位

2）观测水位拟合

模型校核过程中，在模型中添加观测孔日期及水位，当模型完成计算时，会自动呈现出模型计算结果与实际水位之间的误差。每个观测孔中点显示为观测值，中点以上部分代表观测值加误差极值，中点以下部分代表观测值减去误差极值。设定观测水位拟合误差极限为 1 m，若条形图显示为绿色，说明水位拟合误差小于 1 m；若显示为白色，则表示水位拟合误差小于 2 m，误差在允许范围内；若显示为红色，则表示该点水位拟合误差较大。模型范围内长兴组共设有 11 个水位观测孔，利用观测孔 2020 年 10 月的水位观测数据与模型计算水位进行拟合，观测孔拟合结果如图 5.29 所示。

如图 5.29 所示，煤层开采后，长兴组地下水位及流场发生了改变，覆岩"两带"高度发育至长兴组区域，地下水位以工作面为中心，形成明显的降落漏斗。2020 年 10 月，长兴组 11 口观测井中 706 孔水位拟合误差最大，误差值为 1.62 m，但仍在允许误差范围内，其余观测孔水位拟合误差均未超过 1 m。

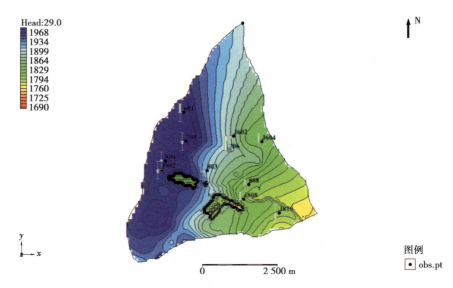

图 5.29　2020 年 10 月观测水位拟合

　　观测孔拟合曲线如图 5.30 所示,在观测孔拟合对比曲线中,每个散点图案代表一个观测井计算值,当散点图案越靠近过原点斜率为 45° 的直线时,代表拟合程度越高。

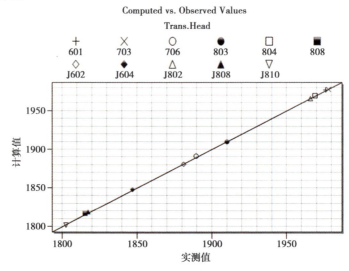

图 5.30　2020 年 10 月观测水位拟合曲线

　　从图 5.30 可以看出,散点图案均分布在 45° 斜线周围,模型的拟合效果较好,计算结果与长兴组水位实际情况基本一致,说明模型校核过程中所确定的水文地质参数合理。

3）参数识别

模型校核过程中对各结构层的水文地质参数进行不断调整,经模型校核完成后,得到各结构层的水文地质参数,见表 5.15。

表 5.15　各结构层的水文地质参数

结构层		水平渗透系数 /(m·d⁻¹)	垂直渗透系数 /(m·d⁻¹)	给水度	贮水率/(1·m⁻¹)
飞仙关组		0.18	0.058 7	0.05	—
长兴组	Ⅰ区	0.001 3	0.000 9	—	0.000 000 6
	Ⅱ区	0.58	0.19	—	0.000 001
	Ⅲ区	1.27	0.39	—	0.000 001
龙潭组	Ⅰ区	0.065	0.012 7	—	0.000 046
	Ⅱ区	10.84	20.05	—	0.008 915
	Ⅲ区	5.332	7.405	—	0.003 7

5.4.5　矿井涌水量预测

基于校核完成的地下水数值模型,依据矿井开采规划,模拟 2021—2025 年开采 6 中煤时矿井涌水量情况。

1）预测方案

根据各类巷道和开采工作面位置及面积形状,设置假定等效抽水井数量,确保抽水井影响范围可以覆盖到整个开采区域。通过抽水井不断抽水,将长兴组水位疏干至 6 中煤层底板标高,当抽水量达到稳定时,将预测期内等效抽水井的抽水总量等效为该期间内的矿井涌水量。矿区未来 5 年规划开采区域为:2021—2024 年依次开采南二采区 6 中 S205、6 中 S206 工作面、6 中 S202 工作面、6 中 S201 工作面,2025 年开采南一采区+1730 大巷南翼 6 中 S109 工作面。南二采区 6 中煤层底板标高为+1 850 m,南一采区+1730 大巷南翼 6 中煤层底板标高为+1 830 m。假定未来计划开采工作面抽水井布置在工作面两侧回风巷及运输巷内,如图 5.31 所示。

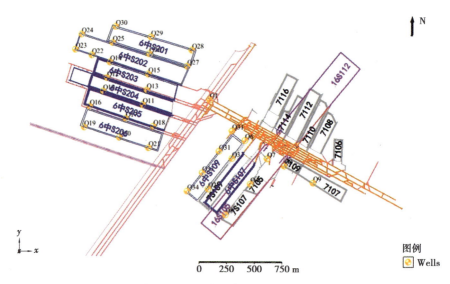

图 5.31 开采工作面抽水井布置

2）预测结果

按照预测方案，从 2021 年 1 月开始对工作面开采 6 中煤层过程中矿井涌水量进行预测。6 中煤层开采过程中，"两带"高度到达顶板长兴组含水层，导致含水层水位发生变化，形成了以开采工作面为中心的水位降落漏斗。2021—2025 年研究区长兴组水位变化如图 5.32—图 5.36 所示。

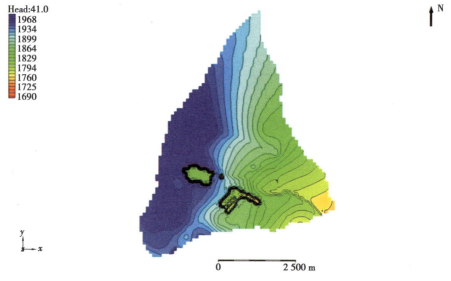

图 5.32 2021 年长兴组含水层水位

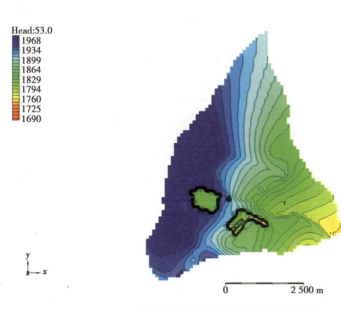

图 5.33　2022 年长兴组含水层水位

图 5.34　2023 年长兴组含水层水位

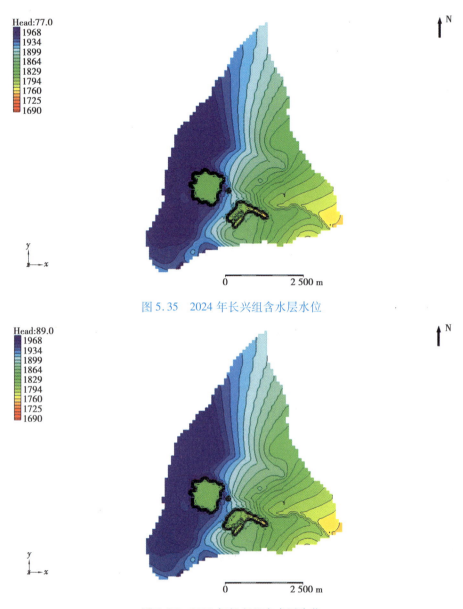

图 5.35　2024 年长兴组含水层水位

图 5.36　2025 年长兴组含水层水位

　　由图 5.32—5.36 可知,根据 6 中煤层开采规划,在保持抽水井水位不变的前提下,将各时段抽水井的抽水量等效于该期间矿井涌水量,得到 2021—2025 年研究区 6 中煤层开采过程中逐月涌水量,见表 5.16。

表 5.16　2021—2025 年逐月研究区矿井涌水量

日期	南二采区 /(m³·h⁻¹)	+1730 大巷南翼 /(m³·h⁻¹)	+1800 水平巷道 /(m³·h⁻¹)	合计 /(m³·h⁻¹)
2021.01	82.5	75.9	13.2	171.6
2021.02	97.8	90.0	15.6	203.4
2021.03	122.2	112.4	19.6	254.2
2021.04	156.2	143.7	25.0	324.8
2021.05	176.6	162.4	28.2	367.2
2021.06	203.9	187.5	32.6	424.0
2021.07	211.1	194.2	33.8	439.0
2021.08	250.3	230.3	40.0	520.6
2021.09	202.2	186.0	32.3	420.5
2021.10	161.3	148.4	25.8	335.4
2021.11	128.2	117.9	20.5	266.6
2021.12	75.6	69.6	12.1	157.2
2022.01	80.9	72.6	13.0	166.5
2022.02	95.8	86.1	15.5	197.4
2022.03	119.8	107.5	19.3	246.6
2022.04	153.0	137.4	24.7	315.1
2022.05	173.0	155.4	27.9	356.3
2022.06	199.8	179.4	32.2	411.4
2022.07	206.8	185.7	33.3	425.9
2022.08	245.3	220.3	39.5	505.1
2022.09	198.1	177.9	31.9	407.9
2022.10	158.0	141.9	25.5	325.4
2022.11	125.6	112.8	20.2	258.6
2022.12	74.1	66.5	11.9	152.6
2023.01	80.0	71.8	13.4	165.2
2023.02	94.9	85.1	15.8	195.8

续表

日期	南二采区 /(m³·h⁻¹)	+1730 大巷南翼 /(m³·h⁻¹)	+1800 水平巷道 /(m³·h⁻¹)	合计 /(m³·h⁻¹)
2023.03	118.5	106.3	19.8	244.6
2023.04	151.5	135.9	25.3	312.6
2023.05	171.3	153.6	28.6	353.5
2023.06	197.7	177.3	33.0	408.1
2023.07	204.7	183.6	34.2	422.5
2023.08	242.8	217.8	40.5	501.1
2023.09	196.1	175.9	32.7	404.7
2023.10	156.4	140.3	26.1	322.8
2023.11	124.3	111.5	20.8	256.6
2023.12	73.3	65.8	12.2	151.4
2024.01	79.2	70.3	13.5	163.0
2024.02	93.9	83.3	16.0	193.3
2024.03	117.3	104.1	20.0	241.5
2024.04	149.9	133.0	25.6	308.6
2024.05	169.5	150.4	29.0	348.9
2024.06	195.7	173.7	33.4	402.8
2024.07	202.6	179.8	34.6	417.0
2024.08	240.3	213.3	41.0	494.6
2024.09	194.1	172.2	33.2	399.4
2024.10	154.8	137.4	26.4	318.6
2024.11	123.0	109.2	21.0	253.2
2024.12	72.6	64.4	12.4	149.4
2025.01	66.0	81.7	15.2	162.9
2025.02	78.2	96.8	18.0	193.1
2025.03	97.8	121.0	22.5	241.2
2025.04	124.9	154.6	28.7	308.2

续表

日期	南二采区 /(m³·h⁻¹)	+1730 大巷南翼 /(m³·h⁻¹)	+1800 水平巷道 /(m³·h⁻¹)	合计 /(m³·h⁻¹)
2025.05	141.2	174.8	32.5	348.5
2025.06	163.1	201.8	37.5	402.4
2025.07	168.8	208.9	38.8	416.6
2025.08	200.2	247.8	46.1	494.1
2025.09	161.7	200.1	37.2	399.0
2025.10	129.0	159.6	29.7	318.3
2025.11	102.5	126.9	23.6	253.0
2025.12	60.5	74.8	13.9	149.2

根据表 5.16 绘制 2021—2025 年矿井涌水量变化趋势,如图 5.37 所示。

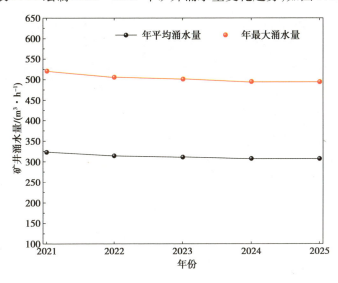

图 5.37　2021—2025 年矿井涌水量

由图 5.37 可知,2021—2025 年矿井涌水量呈现下降趋势,降幅逐渐变缓,矿涌水量也随之达到基本稳定,稳定后矿井正常涌水量为 307 m³/h,最大涌水量为 494 m³/h。

5.5 加权多元非线性回归矿井涌水量预测

5.5.1 基于熵值法的因素权重确定

1)矿井涌水量影响因素确定

矿井涌水量与地质条件、水文地质条件等密切相关,涌水量与影响因素之间的关系往往呈现出高度非线性的复杂关系,前人对此做了大量的研究。根据绿塘煤矿的实际条件,确定了涌水量的影响因素为降雨量、煤层开采面积、煤层开采厚度、煤层开采深度、煤层顶板长兴组含水层厚度。在此基础上,收集绿塘煤矿 2018 年 5 月—2021 年 6 月逐月矿井涌水量的实测数据,共 33 组,其中训练样本 27 组,检测样本 6 组,见表 5.17。

表 5.17 矿井涌水量及影响因素实测值

样本类型	日期	降雨量/mm	开采面积/$10^3 m^2$	开采厚度/m	开采深度/m	含水层厚度/m	矿井涌水量/($m^3 \cdot h^{-1}$)
训练样本	2018.05	91.9	10.3	3.6	386.5	14.6	300.1
	2018.06	233.0	10.7	2.8	349.4	14.7	309.3
	2018.07	208.0	7.6	3.1	320.4	15.0	376.9
	2018.08	228.0	6.6	3.5	301.7	15.1	444.5
	2018.09	157.3	11.0	3.5	285.3	16.5	315.3
	2019.01	34.9	10.8	3.4	182.3	14.6	110.0
	2019.02	22.7	14.4	3.7	179.9	14.9	126.2
	2019.03	40.1	8.6	3.4	176.8	15.1	150.2
	2019.04	141.3	15.7	3.3	173.6	15.2	210.9
	2019.05	161.1	14.0	3.5	170.6	15.2	338.5
	2019.06	136.4	7.0	3.2	168.9	15.6	382.6
	2019.07	281.0	9.9	2.6	320.0	16.5	473.9

续表

样本类型	日期	降雨量/mm	开采面积/$10^3 m^2$	开采厚度/m	开采深度/m	含水层厚度/m	矿井涌水量/($m^3 \cdot h^{-1}$)
训练样本	2019.08	131.5	3.4	3.0	310.1	16.4	508.1
	2019.09	168.5	4.4	2.6	276.8	16.3	405.6
	2019.10	151.5	6.5	2.9	262.5	16.1	350.8
	2019.11	30.4	7.8	3.2	281.8	16.0	306.3
	2019.12	22.9	4.3	2.9	302.7	15.9	201.2
	2020.01	51.7	3.1	3.0	311.4	14.7	217.5
	2020.02	45.7	4.8	3.1	333.6	14.8	258.9
	2020.03	41.5	7.7	3.2	327.9	15.0	265.5
	2020.04	44.8	11.5	3.4	298.2	15.2	328.6
	2020.05	89.6	11.3	3.7	270.7	15.3	341.0
	2020.06	265.5	11.2	3.2	243.8	15.8	374.4
	2020.07	196.6	6.8	3.0	251.0	15.9	415.6
	2020.08	35.4	11.7	2.9	273.6	16.1	549.3
	2020.09	291.4	9.1	3.2	295.0	16.2	492.0
	2020.10	71.7	1.3	3.2	286.5	16.4	365.8
检测样本	2021.01	74.5	6.6	3.4	222.7	15.1	267.7
	2021.02	63.7	9.7	3.3	248.6	16.0	301.7
	2021.03	59.1	11.2	3.2	267.2	15.9	317.6
	2021.04	132.2	8.1	3.1	288.0	17.0	397.4
	2021.05	180.1	15.0	3.0	310.4	16.8	432.8
	2021.06	228.9	9.3	2.9	305.1	17.5	564.7

2)影响因素相关性分析

相关系数是由统计学家卡尔·皮尔逊设计的统计指标,是研究变量之间线性相关程度的参数。利用相关系数可以分析矿井涌水量与影响因素之间的密切程度,计算公式见式(5.6)。

$$r = \frac{\sum_{i=1}^{n}\left(x_i - \frac{1}{n}\sum_{i=1}^{n}x_i\right)\left(y_i - \frac{1}{n}\sum_{i=1}^{n}y_i\right)}{\sqrt{\sum_{i=1}^{n}\left(x_i - \frac{1}{n}\sum_{i=1}^{n}x_i\right)^2}\sqrt{\sum_{i=1}^{n}\left(y_i - \frac{1}{n}\sum_{i=1}^{n}y_i\right)^2}} \tag{5.6}$$

式中，x_i 为矿井涌水量，m^3/h；y_i 为影响因素；r 为相关系数。

利用 MATLAB 计算涌水量影响因素之间的相关系数，得到相关系数矩阵，见表 5.18。

表 5.18　影响因素相关性矩阵

指标	降雨量	开采面积	开采厚度	开采深度	含水层厚度	矿井涌水量
降雨量	1.00	—				
开采面积	0.10	1.00	—			
开采厚度	−0.29	0.47	1.00	—		
开采深度	0.13	−0.41	−0.32	1.00	—	
含水层厚度	0.31	−0.28	−0.44	0.04	1.00	—
矿井涌水量	0.58	−0.19	−0.40	0.34	0.62	1.00

由表 5.18 可知，各影响因素之间的相关系数在 −0.44 ~ 0.62 之间。其中，涌水量与降雨量、开采深度、含水层厚度成正相关关系，与开采面积、开采厚度成负相关关系。

3）基于熵值法的因素权重确定

熵值法是一种客观赋权方法，在具体使用过程中，根据各指标的变异程度，利用信息熵计算出各指标的熵权，再通过熵权对各指标的权重进行修正得到结果。熵值法确定涌水量影响因素权重步骤如下。

（1）数据标准化处理。当因素与涌水量成正相关关系时，采用式（5.7）进行标准化；当因素与涌水量成负相关关系时，采用式（5.8）进行标准化。

$$\hat{x}_{ij} = \frac{x_{ij} - \min(x_i)}{\max(x_i) - \min(x_i)} \tag{5.7}$$

$$\hat{x}_{ij} = \frac{\max(x_i) - x_{ij}}{\max(x_i) - \min(x_i)} \tag{5.8}$$

式中，x_{ij} 为第 i 项因素第 j 月份实测值；$\min(x_i)$ 为第 i 项因素的最小值；$\max(x_i)$ 为第 i 项因素的最大值；$\hat{x}_{ij}$ 为标准化无量纲值。

（2）计算第 i 项影响因素信息熵 E_i 及权重 W_i。

$$P_{ij} = \frac{\hat{x}_{ij}}{\sum_{j=1}^{n} \hat{x}_{ij}} (i = 1, \cdots, m; j = 1, \cdots, n) \tag{5.9}$$

$$E_i = -\frac{1}{\ln n} \sum_{j=1}^{n} (P_{ij} \ln P_{ij}) \tag{5.10}$$

$$w_i = \frac{1 - E_i}{m - \sum_{i=1}^{m} E_i} \tag{5.11}$$

式中，n 为总月份数；P_{ij} 为第 i 项因素第 j 月份的数据值比重；$0 \leqslant w_i \leqslant 1$ 且 $\sum_{i=1}^{m} w_i = 1$。

计算得到各影响因素权重值，见表 5.19。

表 5.19　熵值法确定各影响因素权重

因素	降雨量	开采面积	开采厚度	开采深度	含水层厚度
权重	0.33	0.12	0.12	0.20	0.23

5.5.2　加权多元非线性回归模型构建

1）多元线性回归模型

多元回归分析是一种基于多变量的给定值来研究一个因变量与多个自变量之间关系的方法，其函数表达式形式取决于自变量与因变量之间的因果关系。通过 MATLAB 实现涌水量与降雨量、开采面积、开采厚度、开采深度、含水层厚度多元线性拟合，拟合参数见表 5.20。

表 5.20　多元线性回归拟合参数

模型	系数	标准误差	t	显著性
常量	−1 284.62	556.27	−2.31	0.03
降雨量	0.51	0.20	2.53	0.02
开采面积	0.69	5.41	0.13	0.90
开采厚度	7.33	65.43	0.11	0.91
开采深度	0.53	0.29	1.83	0.08
含水层厚度	88.67	27.78	3.19	0.00

由表 5.20 可知,涌水量与各影响因素的多元线性回归系数分别为 0.51、0.69、7.33、0.53、88.67,据此得到涌水量的多元线性回归模型,表达式如下:

$$Q = 0.51P + 0.69A + 7.33M + 0.53H + 88.67T − 1\ 284.62 \quad (5.12)$$

式中,Q 为涌水量,m^3/h;P 为降雨量,mm;A 为开采面积,$10^3 m^2$;M 为开采厚度,m;H 为开采深度,m;T 为含水层厚度,m。

2)加权多元非线性回归模型

通过影响因素散点图分析,可以发现矿井涌水量与各影响因素之间成高度非线性关系。因此,在线性回归的基础上,基于函数编程,进行了涌水量与各因素的一元非线性拟合,得到了非线性拟合曲线,如图 5.38 所示。

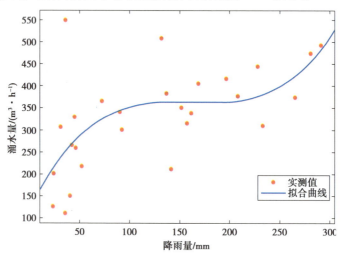

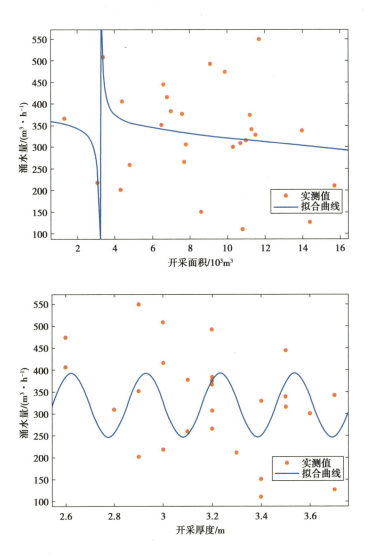

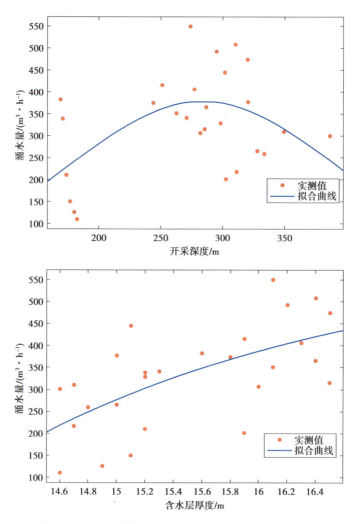

图 5.38 影响因素散点图和涌水量一元非线性拟合曲线

基于函数拟合曲线,确定了误差平方和、决定系数、校正决定系数、均方根误差作为非线性拟合函数指标,见表 5.21。

表 5.21 一元非线性拟合函数指标

因素	误差平方和	决定系数	校正决定系数	均方根误差
P	210 925.23	0.38	0.30	95.76
A	290 080.72	0.14	0.03	112.30

续表

因素	误差平方和	决定系数	校正决定系数	均方根误差
M	257 436.18	0.24	0.14	105.80
H	247 347.09	0.27	0.21	105.52
T	207 000.06	0.39	0.34	92.87

在表 5.21 所示的误差水平下,涌水量与因素的一元非线性回归函数关系式见式(5.13)—式(5.17)。

$$Q = a_3 P^3 + a_2 P^2 + a_1 P + a_0 \tag{5.13}$$

$$Q = \frac{b_3 A + b_2}{A^2 + b_1 A + b_0} \tag{5.14}$$

$$Q = c_2 \cos(k_1 M) + c_1 \sin(k_1 M) + c_0 \tag{5.15}$$

$$Q = d_2 e^{-\left(\frac{H-d_1}{d_0}\right)^2} \tag{5.16}$$

$$Q = e_2 T^{e_1} + e_0 \tag{5.17}$$

式中,a、b、c、d、e、k 为待求解参数。

得到一元非线性回归函数关系式后,为充分考虑各因素对涌水量影响的重要性差异,将各因素的回归数学关系式进行加权求和,建立含有待求参数的矿井涌水量预测模型如下:

$$Q = 0.33(a_3 P^3 + a_2 P^2 + a_1 P + a_0) + 0.12\left(\frac{b_3 A + b_2}{A^2 + b_1 A + b_0}\right) +$$

$$0.12(c_2 \cos(k_1 M) + c_1 \sin(k_1 M) + c_0) + 0.2(d_2 e^{-\left(\frac{H-d_1}{d_0}\right)^2}) + \tag{5.18}$$

$$0.23(e_2 T^{e_1} + e_0)$$

以涌水量实测值与回归模型拟合值的残差平方和最小为依据,基于 MATLAB 对多元函数的参数进行求解,待求解参数估算值见表5.22。

表 5.22　多元非线性拟合函数参数估算值

因素	参数	估算值	标准误差	因素	参数	估算值	标准误差
P	a_3	0.00	1.00	H	d_2	1.00	860.00
	a_2	−0.05	2 706.96		d_1	1.00	193.13
	a_1	9.93	88.14		d_0	1.00	1 976.50
	a_0	−44 181.53	1 060.06	T	e_2	749 224.79	0.00
A	b_3	43 827.67	852.76		e_1	0.00	0.00
	b_2	−591 813.00	649.40		e_0	−536 034.63	412.34
	b_1	−47.26	45.97				
	b_0	417.35	1 222.00				
M	c_2	−21.00	600.00				
	c_1	294.79	379.45			—	
	c_0	−205 708.04	5.17				
	k_1	−11.69	254.49				

　　将影响因素拟合参数估算值代入式(5.16),得到加权多元非线性回归模型,见式(5.19)。

$$Q = 3.26P + \frac{5\,433.74(A - 11.29)}{(A - 23.63)^2 - 141.03} - 2.28\cos(-10.85M) +$$

$$28.44\sin(-10.85M) + \frac{0.2}{e^{(H-1)^2}} + 116.41 \tag{5.19}$$

5.5.3　预测结果

　　将表 5.17 中的检测样本分别代入多元线性回归模型(MLRM)和加权多元非线性回归模型(WMNRM)进行计算,得到不同模型的矿井涌水量预测值,见表 5.23。

表 5.23　MLRM 与 WMNRM 模型预测值

日期	MLRM/(m^3·h^{-1})	WMNRM/(m^3·h^{-1})
2021.01	241.6	204.9
2021.02	327.4	188.2
2021.03	329.9	285.9
2021.04	467.3	359.8
2021.05	339.2	378.5
2021.06	360.2	702.9

5.6　长短期记忆神经网络矿井涌水量预测

5.6.1　长短期记忆神经网络理论

1986 年，以 Rumelhart 为首的科学家小组提出了 BP 神经网络（Back Propagation Neural Networks），是目前人工神经网络（Artificial Neural Networks）中应用最广的算法模型之一。1997 年，Hochreiter 等人提出了长短期记忆神经网络（Long-Short Term Memory Neural Networks，LSTM），是一种通过解决循环神经中梯度消失问题而改良的时间循环神经网络。LSTM 通过历史时间序列决定长短期依赖信息，时间记忆单元被分配于网络中，对处理时间序列问题有较好的效果，可有效解决 BP 神经网络中如收敛速度慢、容易出现局部最小化等缺点，LSTM 记忆单元示意图如图 5.39 所示。

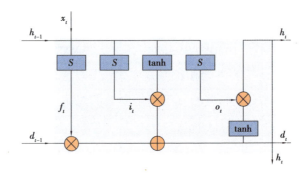

图 5.39　LSTM 记忆单元示意图

遗忘门输出信号 f_t、输入门输出信号 i_t、输出门输出信号 o_t、长期记忆状态 d_t、隐含层状态 h_t 依次按照式（5.20）—式（5.24）计算。

$$f_t = S(Q_{fx}x_t + Q_{fh}h_{t-1} + q_f) \tag{5.20}$$

$$i_t = S(Q_{ix}x_t + Q_{ih}h_{t-1} + q_i) \tag{5.21}$$

$$o_t = S(Q_{ox}x_t + Q_{oh}h_{t-1} + q_o) \tag{5.22}$$

$$d_t = f_t \cdot d_{t-1} + i_t \cdot \tanh(Q_{dx}x_t + Q_{dh}h_{t-1} + q_d) \tag{5.23}$$

$$h_t = o_t \cdot \tanh(d_t) \tag{5.24}$$

式中，x_t 表示当前输入；Q_{fx}、Q_{fh}、Q_{ix}、Q_{ih}、Q_{ox}、Q_{oh}、Q_{dx}、Q_{dh} 为对应权重矩阵；q_f、q_i、q_o、q_d 偏置；S 为 sigmoid 函数。

5.6.2　基于长短期记忆神经网络预测模型构建

1）数据来源

根据绿塘煤矿的实际情况，确定了矿井涌水量的影响因素为降雨量、开采面积、开采厚度、开采深度、含水层厚度，见表 5.17。

2）输入数据预处理

为了分析研究相同量纲下自变量数据的有效性，对输入数据进行归一化处理，归一化按式（5.25）进行计算。

$$x' = \frac{x - \min(x)}{\max(x) - \min(x)} \tag{5.25}$$

式中，x' 为归一化后的数据；$\max(x)$ 为原始数据最大值；$\min(x)$ 为原始数据最小值。

3）LSTM 预测模型构建

LSTM 的预测模型由输入、隐藏、输出 3 层组成，隐藏层作为预测模型中最重要的构件，为了使模型更好地应用于矿井涌水量预测中，本次模型在隐藏层数上选择 2，每个隐藏层上的隐藏单元确定为 100，模型进行不断地往前计算，把历史时间的信息量以线性传输方式进行往回迭代，进而决定下一个输入量和输出量。本次模型输入数据包含降雨量、开采面积、开采厚度、开采深度、含水层厚度 5 个特征，输出数据为矿井涌水量。LSTM 矿井涌水量预测模型建立步骤如下：

①模型隐藏层设置构建 2 层 LSTM 网络模型，输入数据维度为 5，其激活函数为 tanh；添加全连接 Dense 层，其激活函数为 linear，连接隐藏层与输出层。每一层网络节点的舍弃率设置为 0.5，防止过度拟合。

②模型参数设置在进行训练之前，需要配置模型的优化器、损失函数、指标列表。本章选择指定损失函数获得模型的输出误差，选择均方根反向传播为优化器。

③模型训练设置每次训练包含的样本数为 3，训练轮数为 50，并为模型指定测试数据，输出每一次训练的记录。

5.6.3　预测结果

将表 5.17 检测样本数据分别代入 BP 神经网络模型及 LSTM 模型进行计算，得到不同模型的矿井涌水量预测值，见表 5.24。

表 5.24　P 神经网络及 LSTM 模型预测值及误差

日期	BP 神经网络/$(m^3 \cdot h^{-1})$	LSTM/$(m^3 \cdot h^{-1})$
2021.01	238.7	156.9
2021.02	288.8	189.3
2021.03	297.7	336.8
2021.04	401.4	368.4
2021.05	316.6	441.4
2021.06	358.4	465.0

5.7　大井法矿井涌水量预测

大井法是将矿井巷道和工作面概化为形状与之相似的大井,大井的面积即为巷道和工作面的面积范围,在矿井疏干排水的过程中,当大井内水位逐渐降低到某一水位标高时,将形成以大井为中心的降落漏斗,地下水达到相对稳定状态。

5.7.1　计算范围

计算范围为矿井开采至 2020 年 12 月所形成的巷道和工作面面积,并对 2021 年 1—6 月逐月 6 中煤层开采过程中矿井涌水量进行预测。6 中煤层开采充水含水层为顶板长兴组岩溶裂隙水,计算矿井涌水量时将充水含水层水位降至煤层底板标高。

5.7.2　计算公式

由于巷道和工作面的直接充水含水层地下水在开采后会由承压状态转变为无压状态,采用直线隔水边界条件承压—无压稳定流计算式(5.26)—式(5.28):

$$r = \sqrt{\frac{F}{\pi}} \tag{5.26}$$

$$R = r + 10s\sqrt{K} \tag{5.27}$$

$$Q = \frac{\pi K\left[(2H-M)M - h_0^2\right]}{\ln R - \ln r} \tag{5.28}$$

式中，Q 为矿井涌水量，m^3/d；F 为计算范围面积，m^2；K 为含水层渗透系数，m/d；s 为水位降深，m；H 为静止水头标高，m；M 为含水层厚度，m；h_0 为疏干水位到煤层底板距离，m；R 为影响半径，m；r 为引用半径，m。

5.7.3　计算参数及预测结果

钻孔 J603、808、J802、J808 对长兴组含水层进行抽水试验，得到抽水试验数据见表5.25。

表5.25　钻孔抽水试验数据成果

钻孔	水位降深/m	渗透系数/($m \cdot d^{-1}$)
J603	221.12	0.001 51
808	115.77	0.457
J802	41.85	0.046 5
J808	2.31	5.52

研究区长兴组含水层水位降深采用抽水试验钻平均值，渗透系数采用加权平均值，按式(5.29)—式(5.30)计算。

$$s = \frac{s_1 + s_2 + s_3 + s_4}{4} \tag{5.29}$$

$$K = \frac{s_1 K_1 + s_2 K_2 + s_3 K_3 + s_4 K_4}{s_1 + s_2 + s_3 + s_4} \tag{5.30}$$

式中，s 为含水层平均水位降深，m；K 为含水层平均渗透系数，m/d；s_1、s_2、s_3、s_4 为不同钻孔水位降深，m；K_1、K_2、K_3、K_4 为不同钻孔渗透系数，m/d。

2021 年 1—6 月,开采 6 中 S205 工作面过程中,计算范围面积及长兴组含水层厚度见表 5.26。

表 5.26　研究区计算范围及含水层厚度

日期	计算范围面积/m²	含水层厚度/m
2021.01	2 221 349	15.1
2021.02	2 231 049	16.0
2021.03	2 242 279	15.9
2021.04	2 250 339	17.0
2021.05	2 265 339	16.8
2021.06	2 274 669	17.5

大井法矿井涌水量预测结果见表 5.27。

表 5.27　大井法矿井涌水量预测结果

日期	大井法矿井涌水量/(m³·h⁻¹)
2021.01	373.9
2021.02	454.5
2021.03	452.7
2021.04	482.0
2021.05	478.0
2021.06	497.0

大井法预测 2021 年 1—6 月 6 中 S205 工作面开采过程,正常涌水量为 456 m³/h,根据矿区前期涌水量实测值,最大涌水量为正常涌水量的 1.72 倍。因此,最大涌水量为 785 m³/h。

5.8　矿井涌水量预测结果对比分析

本章通过构建考虑"两带"高度的地下水数值模型、多元线性回归模型（MLRM）、加权多元非线性回归模型（WMNRM）、BP神经网络模型及长短期记忆神经网络模型（LSTM）对绿塘煤矿2021年1—6月矿井涌水量进行预测，并将预测结果与大井法进行对比，如图5.40所示。

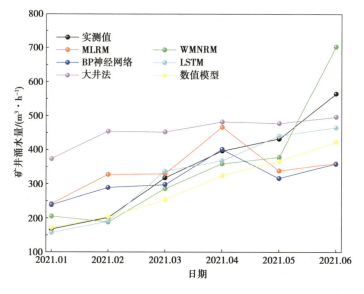

图 5.40　矿井涌水量预测结果

由图5.40可知，加权多元非线性回归模型与LSTM模型预测结果相比较于传统的多元线性回归模型与BP神经网络模型的准确性更高，预测动态变化趋势与实际基本相符。结果表明，在充分考虑矿井涌水量影响的基础上，分析各影响因素权重，利用加权非线性回归与时间序列研究方法，避免了因考虑因素单一导致的预测结果与实际误差较大的问题，可以有效地对煤层开采过程中矿井涌水量进行动态预测，提高预测精度。

地下水数值模型计算结果与实测值动态变化趋势一致，计算值比矿井涌水量实测值略低。原因在于煤层开采过程中,矿井涌水水源一部分来自煤系弱透水层自身的补给量,一部分来自采动裂隙带引起的近邻含水层水量补充。本次建立研究区地下水数值模型时,重点研究顶板长兴组强富水性含水层,将其作为矿井充水的唯一直接充水含水层。

将地下水数值模型与大井法进行对比发现,大井法预测矿井涌水量基本保持为 456 m³/h,而并非随着煤层开采动态变化,整体计算结果与数值模拟结果相差较大。主要原因是大井法计算所使用的水文地质参数为整个研究区平均值,并且将研究区全部开采工作面作为矿井涌水补给区域,导致其计算结果与数值结果相差较大。而数值模型中根据"两带"高度进行分区研究,当"两带"高度没有导通顶板长兴组含水层时,该区域长兴组含水层水量对矿井形不成直接补充,数值模型将其视为非计算范围,更加符合涌水量的形成原因。

5.9 本章小结

本章在煤层开采覆岩相似材料研制成果基础上,利用 3DEC 构建数值模型,分析煤层开采过程中覆岩形态动态变化特征,定量表征位移及应力时空演化情况,总结覆岩变形破坏特征规律。基于不同研究方法的结果,确定煤层开采覆岩"两带"高度;并利用 GMS 构建研究区地下水三维非稳定流数值模型,对矿井规划开采区域进行矿井涌水量预测。基于历史实测数据,建立多种矿井涌水量预测模型,并对模型预测结果进行对比分析,得出以下结论:

①通过 3DEC 建立煤层开采覆岩变形破坏特征数值模型,结果表明,当煤层开采 0~100 m 时,覆岩形态整体上逐步缓慢破坏;当煤层开采 100~140 m 时,覆岩形态发生较大的变化,岩层出现离层、断裂直至垮落现象;当煤层开采超过 140 m 之后,覆岩形态基本稳定。随着煤层的持续开采,"两带"主要集中在开切眼侧,覆岩整体破坏形态呈"马鞍"形,煤层顶板垮落带与工作面底角呈 36.5°。随着工作面的向前推进,覆岩竖向位移逐渐增大,竖向位移区向前延

伸,靠近开切眼侧覆岩位移量变化最大。由于破碎岩体存在碎胀性,覆岩位移量受临空面限制从下往上逐渐减小,竖向位移发育明显滞后于工作面开采。主要原因在于岩层竖向位移受到岩层破坏程度的影响,数值模型覆岩形态及竖向位移变化规律与物理模型基本相符。

②通过分析煤层开采数值模型覆岩应力变化及塑性区分布得出,在覆岩变形破坏范围内的同一水平高度监测线上监测点竖向应力变化经过应力增大、应力稳定、应力减小、应力保持阶段 4 个阶段。煤层开采过程中,工作面上方直接顶板粉砂岩层内应力逐渐减小,开切眼及工作面两侧煤柱围岩应力明显增大,出现应力集中现象,应力集中位置随着煤层开采而向前转移,在远离开采工作面处,岩体与煤层中应力基本不变。采空区上方发生剪切破坏,未达到采空区上方岩层承受极限时,顶板未发生垮落,当煤层持续开采,小部分岩层发生垮落,剪切破坏点在各岩层中局部发育,随着破坏区的逐渐增高,局部破坏点贯通,最终覆岩破坏高度逐渐增加,6 中煤层开采覆岩垮落带为 20.5 m,导水裂隙带为 18.9 m。数值模型竖向应力变化规律及覆岩"两带"发育高度与物理模型基本一致。

③得到了不同研究方法"两带"发育高度结果,确定以数值模型结果作为"两带"发育高度判定依据,建立 7#煤及 16#煤层开采覆岩"两带"高度研究数值模型。结果表明,7#煤层开采后覆岩"两带"高度为 52.1 m,16#煤层开采后覆岩"两带"高度为 31.8 m。统计了研究区内煤层开采工作面附近钻孔资料,得出了已有采空区及未来计划开采工作面覆岩"两带"高度,对工作面"两带"高度导通顶板长兴组含水层情况进行了判定。

④结合 GMS 中 Borehole、TIN、Solid、Map 等模块,建立研究区三维地层模型,通过研究区源汇项设定、边界条件概化、"两带"高度耦合、结构层水文地质参数赋值后,构建了研究区地下水三维非稳定流数值模型。将模型计算值与观测井数据进行对比,结果表明,在"两带"导通顶板长兴组含水层区域,地下水水位及流场发生改变,形成了以该区域为中心水位降落漏斗。对水位进行拟合

时,个别观测孔拟合误差超过 1 m,其余观测孔拟合误差均未超过 1 m,说明建立模型符合实际情况,可应用于煤层开采矿井涌水量预测研究。

⑤分析煤层开采过程中矿井涌水量影响因素,确定以降雨量、开采面积、开采厚度、开采深度、含水层厚度作为主要影响因素,构建矿井涌水量预测模型,并与实际情况进行对比。结果表明,本章所构建加权多元非线性回归预测模型及长短期记忆神经网络预测模型预测结果与实际基本相符,有效提高了矿井涌水量的预测精度。

⑥大井法的预测值整体比实测值大,仅 6 月份数值略低于实测值,这是因为大井法是将整个采区范围作为导水通道,未考虑"两带"是否导通含水层这一关键因素,导致预测值偏大。6 月份为矿区的雨季,大气降水补给较强,而大井法无法考虑降雨强度这一因素,因此,6 月份的预测值略小于实测值。地下水数值模型的预测结果相较大井法则更加接近实测值,且整体比实测值小,这是因为在数值模型中考虑了"两带"高度的发育情况,仅将"两带"高度导通顶板含水层时,视为导水通道,否则便不导水,这与实际情况相符合,因此,预测结果更加准确。

第6章 结论与展望

6.1 结论

本书以青龙煤矿发生透水事故的 21606 工作面为研究背景,基于相似理论与正交试验,研制岩溶地区煤系地层相似材料,开展岩溶管道突水流固耦合物理模型试验,并结合多场耦合数值模拟手段,深入研究了煤层开采顶板覆岩破坏特征及岩溶管道突水灾变多场耦合演变特征。对岩溶管道突水前,各物理场的变化进行深度分析,总结岩溶管道突水前的异常变化特征,为煤层开采顶板覆岩破坏引起岩溶管道突水提供关键判据。同时,从岩溶管道直径与岩溶管道水压两个角度,进一步深入研究不同地质条件对岩溶管道突水的影响,全面揭示煤层开采岩溶管道突水多场灾变演化机理。之后又通过对黔北矿区龙潭组煤层赋存地质条件进行研究,采用数值模拟研究方法,构建了煤层开采覆岩变形破坏特征模型,分析煤层开采过程中覆岩形态动态变化特征、定量表征位移及应力时空演化情况,总结覆岩变形破坏特征规律;基于不同的研究方法结果,确定煤层开采覆岩"两带"高度。建立了考虑"两带"高度的地下水三维非稳定流数值模型,并对矿井规划开采区域进行矿井涌水量预测;基于历史实测数据,建立多种矿井涌水量预测模型,并对模型预测结果进行了对比分析,总结各种预测模型适用性。其中取得的主要研究成果如下:

①基于相似原理,确定了几何相似常数为 100,容重相似常数为 1.5,强度

相似常数为150,时间相似常数为10。选取了细河沙为粗骨料,其作用为增加强度;重晶石粉和滑石粉为细骨料,其作用为增加容重与增加强度;甲基硅油为调节剂,其作用为增加抗压缩性;胶结物由氯化石蜡、水泥和石膏组成,其中水泥和石膏具有增加胶结性的作用,氯化石蜡具有防水的作用;云母粉具有分层的作用。通过正交试验设计,确定了粗骨料占骨料比例、滑石粉占细骨料比例、胶结物占原料比例及水泥占胶结物比例4个影响因素,研制了相似材料试验配比,以容重、抗拉强度、抗压强度和抗剪强度为测试指标。结果表明,滑石粉占细骨料比例对相似材料容重的影响最大,水泥占胶结物比例对相似材料抗压强度的影响最大,粗骨料占骨料比例对相似材料抗拉强度的影响最大,滑石粉占细骨料比例对相似材料抗剪强度的影响最大。隔水层岩体相对应的试样的孔隙度为14.32%~19.86%、渗透率为5.46~8.19 mD,隔水岩体的相似材料的渗透率及孔隙度较小,其隔水性能较好。由此确定了夜郎组灰岩、长兴组灰岩、龙潭组泥质粉砂岩、龙潭组细砂岩、龙潭组粉砂岩(顶)、龙潭组粉砂岩(底)的相似材料配比方案。

②在试验箱内搭建长220 cm、宽20 cm、高20 cm的木板,木板搭建顺序始于模型架的底部,逐渐向上延伸,构成模型框架。为了准确填料2 cm单层厚度,在填料之前,需要在木板内侧每隔2 cm使用墨斗弹画出一条黑线,若不足2 cm厚度的,按照实际厚度使用墨斗弹画一条黑线,墨干之后将木板架设。在相似材料研制的基础上,确定物理模型各分层的模型材料用量,称量出各分层的模型材料用量,然后将各种固体原料倒入单卧轴强制式混凝土搅拌机中进行搅拌均匀;接着加入水及甲基硅油液体原料进行搅拌均匀。使用灰桶将搅拌均匀的混合材料倒入模型框架内,然后使用灰刀对填料进行压实,压紧后的高度应符合画线的高度。底板岩层铺设完成后,放置预先制作的木条来代替煤层,煤层两侧都留有30 cm煤柱;木条的长度、宽度、高度分别是2 cm、20 cm、2.4 cm。在煤层顶板填料过程中,将应力传感器、孔隙水压传感器和电导率传感器预埋在设计的监测点位置。根据实验条件,使用100 mm×100 mm×100 mm正方体水

袋代替岩溶管道,并埋设于模型中间长兴组底部,垂直于开采方向;水袋通过硅胶软水管与外界可调节水压供水装置出口相连,通过调节压力开关内部大弹簧与小弹簧的松紧,控制水塔水压为 0.14 MPa,达到岩溶管道水压与水塔水压一致。当水塔水压不足时,通过外部塑料软管自动供水;当水压达到设置水压时,进水自动停止。在模型制作完成后,为确保模型湿度接近天然状态,在室内静置 2～3 天后拆除木板,拆模板时需注意不要损坏模型;接着,将模型静置 7 天,使其表面水分充分挥发,从而减小对本次试验的影响。同时,对煤层表面进行涂黑,以便于后期开采。

③基于物理模型试验与数值模拟,对岩溶管道突水灾变机理分析,其结果表明,在煤层开采过程中,富水的岩溶管道影响围岩的位移场、应力场与渗流场的演变,其影响机制表述为:当开采工作面距离岩溶管道较远时,采空区与岩溶管道之间尚未形成联系,隔水岩体的孔隙水压无明显的变化。当开采工作面在岩溶管道附近时,岩溶管道与采空区之间的孔隙裂缝增加,破坏区逐渐相连,为岩溶管道水提供了突水路径。当开采距离进一步增加,岩溶管道与采空区之间的围岩彻底破裂并相互贯通,形成突水通道。在濒临岩溶管道突水前,向下位移量不断增加,岩溶管道底部竖向应力突然下降,孔隙水压与电导率增加至最大。这些临突特征为煤层开采岩溶管道突水提供良好的判据。当发生突水时,岩溶管道附近围岩的竖向应力下降,而竖向位移量增大,隔水岩体的孔隙水压与电导率下降。

④物理模拟研究基于相似理论,在尽可能满足与原岩相似比的基础上,构建物理模型进行研究;而利用 3DEC 所建立的数值模型,则完全依据研究区煤层地质条件及开采工艺,研究结果相较于物理模拟研究结果更接近矿山的真实情况。本书从保守角度考虑,将煤层开采数值模拟研究结果,作为覆岩"两带"发育高度判定依据。建立煤层开采覆岩变形破坏特征数值模型,结果表明,煤层开切眼及停采线的位置共同决定"两带"发育范围,"两带"范围与工作面底角呈 36.5°～45°,范围随工作面向前推进呈马鞍形;随着工作面向前推进,覆岩

竖向位移逐渐增大,位移区向前延伸,靠近开切眼侧位移量变化最大,位移量受到临空面限制从下往上逐渐减小;在覆岩变形破坏范围内的同一水平高度竖向应力变化经历增大、稳定、减小、保持4个阶段,工作面上方直接顶板粉砂岩层内应力逐渐减小,开切眼及工作面两侧煤柱围岩应力明显增大,出现应力集中现象,应力集中位置随着煤层开采而向前转移,在远离开采工作面处,岩体应力变化不明显。分析3DEC数值模型煤层开采覆岩塑性区分布得出,采空区上方发生剪切破坏,未达到采空区上方岩层承受极限时,顶板未发生垮落,当煤层持续开采,小部分岩层发生垮落,剪切破坏点在各岩层中局部发育,随着破坏区逐渐增高,局部破坏点贯通,最终覆岩破坏高度变大。

⑤结合GMS中Borehole、TIN、Solid、Map等模块,通过研究区源汇项设定、边界条件概化、"两带"高度耦合、结构层水文地质参数赋值后,构建了研究区地下水三维非稳定流数值模型。将大井法应用于研究区矿井涌水预测,结果表明,预测结果与实际情况相差较大,主要原因是大井法计算所使用的水文地质参数为整个研究区平均值,并且将研究区全部开采工作面作为矿井涌水补给区域,导致其计算结果较大。地下水数值模型的预测结果相较大井法则更加接近实测值,这是因为在数值模型中考虑了"两带"高度的发育情况,当"两带"没有发育至顶板长兴组含水层时,该区域顶板含水层水量对矿井形不成直接补充,数值模型将其视为非计算范围,仅将"两带"高度导通顶板含水层区域,视为导水通道,这与实际情况相符合,因此,预测结果更加准确。

⑥分析煤层开采过程中矿井涌水量影响因素,确定以降雨量、开采面积、开采厚度、开采深度、含水层厚度作为主要影响因素,构建了矿井涌水量预测模型,并与实际情况进行对比。结果表明,本书所构建的加权多元非线性回归预测模型及长短期记忆神经网络预测模型预测结果与实际基本相符,避免了因考虑因素单一导致预测结果与实际误差较大的问题,可以更好地对煤层开采过程中矿井涌水量进行动态预测,提高了预测精度,预测结果动态变化趋势更符合实际情况。

6.2　展望

本书通过上述研究着重探讨了岩溶地区煤层开采顶板覆岩破坏特征、岩溶管道突水机理以及煤层开采覆岩破坏涌水量预测技术,取得了一些研究成果,但是由于煤层开采岩溶管道突水问题的复杂性,研究中也有一些不足之处,需在今后的研究中进行完善。

①岩溶管道由于其隐伏性和复杂性,较难具体确定岩溶管道的位置及大小,因此,快速有效的岩溶管道探查体系有待完善。

②本研究由于时间和试验设施的限制,相似物理模拟试验尚不够全面,相似材料研究以岩体物理力学性质为主,水理性质相对较少。希望后期相关科研工作者考虑更多的相关因素,研究出更适合岩溶地区突水的流固耦合相似材料。

③本研究应用 COMSOL 软件进行三维数值建模时,将实际工程问题进行了简化。例如,忽略地层概化和岩体初始裂隙和节理等。尽管这些简化提高了模型计算速度,但在一定程度上增加了与实际问题的误差。在后续研究中,可以探索尽可能减少模型简化的方法,使模型更接近实际工程问题,从而获得更具现实意义的结果。

④通过建立矿井涌水量预测模型应用于不同地质背景、不同开采时期时,预测结果常常出现明显差异。本书通过建立考虑"两带"高度的地下水数值模型进行了研究区矿井涌水量预测,考虑"两带"高度导通区域水文地质参数赋值时,缺乏导水通道参数实测数据,在今后的研究过程中,加强导水通道参数实测工作,不断对模型进行完善,为矿井涌水量提供理论依据。

参考文献

[1] 钱鸣高,缪协兴,何富连.采场"砌体梁"结构的关键块分析[J].煤炭学报,
1994,19(6):557-563.

[2] 石平五.采场矿山压力理论研究的述评[J].西安矿业学院学报,1984,4
(1):48-59.

[3] 钱鸣高,缪协兴,许家林.岩层控制中的关键层理论研究[J].煤炭学报,
1996,21(3):225-230.

[4] 刘天泉.用垮落法上行开采的可能性[J].煤炭学报,1981,6(1):18-29.

[5] 高延法.岩移"四带"模型与动态位移反分析[J].煤炭学报,1996,21(1):
51-56.

[6] 黄庆享,钱鸣高,石平五.浅埋煤层采场老顶周期来压的结构分析[J].煤炭
学报,1999,24(6):581-585.

[7] 黄万朋,高延法,王波,等.覆岩组合结构下导水裂隙带演化规律与发育高
度分析[J].采矿与安全工程学报,2017,34(2):330-335.

[8] WANG H L, JIA C Y, YAO Z K, et al. Height measurement of the water-
conducting fracture zone based on stress monitoring [J]. Arabian Journal of
Geosciences,2021,14(14):1392.

[9] 李学良.基于FLAC^{3D}的采动区覆岩破坏高度数值模拟研究[J].煤炭技术,
2012,31(10):83-85.

［10］FAN H,WANG L G,LU Y L,et al. Height of water-conducting fractured zone in a coal seam overlain by thin bedrock and thick clay layer:A case study from the Sanyuan coal mine in North China［J］. Environmental Earth Sciences, 2020,79(6):125.

［11］张平松,胡雄武,刘盛东.采煤面覆岩破坏动态测试模拟研究［J］.岩石力学与工程学报,2011,30(1):78-83.

［12］REN Z C,WANG N. The overburden strata caving characteristics and height determination of water conducting fracture zone in fully mechanized caving mining of extra thick coal seam［J］. Geotechnical and Geological Engineering, 2020,38(1):329-341.

［13］刘天泉.我国"三下"采煤技术的现状及发展趋势［J］.煤炭科学技术, 1984,12(10):24-28.

［14］黄乐亭.采场覆岩两带高度与覆岩硬度的函数关系［J］.矿山测量,1999, 27(1):20-22.

［15］SAMMARCO O,ENG D. Spontaneous inrushes of water in underground mines ［J］. International Journal of Mine Water,1986,5(3):29-41.

［16］SAMMARCO O. Inrush prevention in an underground mine［J］. International Journal of Mine Water,1988,7(4):43-52.

［17］KUSCER D. Hydrological regime of the water inrush into the kotredez coal mine (Slovenia,Yugoslavia)［J］. Mine Water and the Environment,1991,10 (1):93-101.

［18］ANON. Recommendations for the treatment of water inflows and outflows in operated underground structures ［J］. Tunnelling and Underground Space Technology,1989,4(3):343-407.

［19］BARFIELD B J,FELTON G K,STEVENS E W,et al. A simple model of Karst spring flow using modified NRCS procedures[J]. Journal of Hydrology,2004, 287(1/2/3/4):34-48.

[20] YEH H D. Approximate discharge for constant head test with recharging boundary [J]. Ground water,2007,45(6):659.

[21] 缪协兴,陈荣华,白海波.保水开采隔水关键层的基本概念及力学分析 [J].煤炭学报,2007,32(6):561-564.

[22] 茅献彪,缪协兴,钱鸣高.采动覆岩中关键层的破断规律研究[J].中国矿 业大学学报,1998,27(1):39-42.

[23] 许家林,钱鸣高,朱卫兵.覆岩主关键层对地表下沉动态的影响研究[J]. 岩石力学与工程学报,2005,24(5):787-791.

[24] 刘开云,乔春生,周辉,等.覆岩组合运动特征及关键层位置研究[J].岩石 力学与工程学报,2004,23(8):1301-1306.

[25] 侯忠杰,张杰.陕北矿区开采潜水保护固液两相耦合实验及分析[J].湖南 科技大学学报(自然科学版),2004,19(4):1-5.

[26] 张少春,张杰,肖永福.保水采煤合理推进距离实验研究[J].陕西煤炭, 2005,24(1):17-19.

[27] 武强,武晓媛,刘守强,等.基于"三图-双预测"法的葫芦素矿顶板水害评 价预测与防治对策[C]//第三届全国煤矿机械安全装备技术发展高层论 坛暨新产品技术交流会论文集,2012:529-533.

[28] 武强,许珂,张维.再论煤层顶板涌(突)水危险性预测评价的"三图-双预 测法"[J].煤炭学报,2016,41(6):1341-1347.

[29] CARPENTER P J, BREUER E, HIGUERA-DIAZ I C, et al. Seismic tomographic imaging of buried Karst features [C]//Symposium on the Application of Geophysics to Engineering and Environmental Problems 2004. Environment and Engineering Geophysical Society,2004:1114-1124.

［30］ PAYLOR R L. Karst potential and development indices：tools for mapping krast using GIS［J］. Geological Society of America Abstracts with Programs，2005，37（2）：48.

［31］ WHITE W B. Conceptual Model for Carbonate Aquifer：In Hydrogeologic Problem in Karst Regions［M］. Western Kentucky Univ. ，1977：176-187.

［32］ SHUSTER E T，WHITE W B. Seasonal fluctuations in the chemistry of limestone springs：A possible means for characterizing carbonate aquifers［J］. Journal of Hydrology，1971，14（2）：93-128.

［33］ QUINLAN R F ，EWERS R O. Ground Water Flow in Limestone Terraines：Strategy Rational and Procedure for Reliable，Efficient Monitoring of Groundwater Quality in Karst Area ［M］. Proc. 5th Nat. Symp，Aquifer Restoration and Ground Water Monitoring，Nat. Water Well Assoc，Worthington，1985，197-234.

［34］ ATKIOSON T C. Present and future directions in karst hydrogeology ［J］. Annales de la Societe Geologique de Belgique，1985，108：293-296.

［35］ QUINLAN J F. Special problems of ground-water monitoring in Karst terranes ［J］. ASTM Special Technical Publications，1990：275-304.

［36］ 司南. 管道型潜伏溶洞对隧道衬砌安全性影响及整治措施研究［D］. 石家庄：石家庄铁道大学，2021.

［37］ 路为. 隧道岩溶突涌水机理与治理方法及工程应用［D］. 济南：山东大学，2017.

［38］ 张为社. 岩溶地区深长隧洞突水机理研究［D］. 武汉：中国地质大学，2022.

［39］ 杨耀文，阚忠辉，解建，等. 带压开采诱发煤层底板岩溶溶洞突水模拟研究［J］. 中国煤炭，2017，43（2）：97-99，113.

［40］ 李博，刘子捷. 煤层底板富水承压溶洞突水力学模型构建及突水判据研究

[J].煤炭科学技术,2022,50(5):232-237.

[41] 焦阳,白海波.煤层底板含隐伏溶洞滞后突水机理[J].煤炭学报,2013,38(S2):377-382.

[42] 王丽,刘烨.大井法在矿井涌水量计算中的应用[J].内蒙古煤炭经济,2019(19):192-193.

[43] ZHANG K,CAO B,LIN G,et al. Using multiple methods to predict mine water inflow in the Pingdingshan No. 10 coal mine,China[J]. Mine Water and the Environment,2017,36(1):154-160.

[44] 侯恩科,席慧琴,文强,等.基于 GMS 的隐伏火烧区下煤层开采工作面涌水量预测[J].安全与环境学报,2022,22(5):2482-2492.

[45] CHEN T,YIN H Y,ZHAI Y T,et al. Numerical simulation of mine water inflow with an embedded discrete fracture model:Application to the 16112 working face in the Binhu coal mine,China [J]. Mine Water and the Environment,2022,41(1):156-167.

[46] 张昊然.基于三维渗流数值模拟的工作面疏降水量预测[J].煤炭与化工,2020,43(6):20-23,27.

[47] ZHOU Z F,DONG S N,WANG H,et al. Dynamic characteristics of water inflow from a coal mine's roof aquifer[J]. Mine Water and the Environment,2022,41(3):764-774.

[48] 昝雅玲,吴慧琦.用水文地质比拟法预算矿井涌水量[J].华北国土资源,2011(1):52-54.

[49] SUN W J,ZHOU W F,JIAO J. Hydrogeological classification and water inrush accidents in China's coal mines[J]. Mine Water and the Environment,2016,35(2):214-220.

[50] 李孝朋,谢道雷,徐万鹏,等.多元回归分析在矿井涌水量预测中的应用

［J］.煤炭技术,2016,35(10):189-190.

［51］ LI B,WU H,LIU P,et al. Construction and application of mine water inflow prediction model based on multi-factor weighted regression:Wulunshan Coal Mine case［J］. Earth Science Informatics,2023,16(2):1879-1890.

［52］ 施龙青,赵云平,王颖,等.基于灰色理论的矿井涌水量预测［J］.煤炭技术,2016,35(9):115-118.

［53］ XU J,JING G X,XU Y Y. Prediction of the maximum water inflow in Pingdingshan No.8 mine based on grey system theory［J］. Journal of Coal Science and Engineering (China),2012,18(1):55-59.

［54］ 汤琳,杨永国,徐忠杰.非线性时间序列分析及其在矿井涌水预测中的应用研究［J］.工程勘察,2007,35(5):28-30,72.

［55］ YANG X,ZHAI P H,SHI L Q,et al. Prediction of mine water flow based on singular spectrum analysis and multiple time-series coupled model［J］. Arabian Journal of Geosciences,2021,14(24):2858.

［56］ LI J L,WANG L Y,WANG X Y,et al. Chaos-generalized regression neural network prediction model of mine water inflow［J］. SN Applied Sciences,2021,3(12):861.

［57］ 张建强,宁树正,陈美英,等.我国煤炭资源开发前景及对策［J］.地质论评,2020,66(S1):143-145.

［58］ 王海宁.中国煤炭资源分布特征及其基础性作用新思考［J］.中国煤炭地质,2018,30(7):5-9.

［59］ 诸利一,吕文生,杨鹏,等.2007—2016年全国煤矿事故统计及发生规律研究［J］.煤矿安全,2018,49(7):237-240.

［60］ 陶余祥.2010—2020年贵州省煤矿企业安全事故统计分析及预防措施［J］.采矿技术,2022,22(2):103-105.

［61］衡献伟,李青松,付金磊,等.贵州煤炭工业科技创新进展及"十四五"时期发展方向[J].中国煤炭,2021,47(5):13-19.

［62］武强,郭小铭,边凯,等.开展水害致灾因素普查 防范煤矿水害事故发生[J].中国煤炭,2023,49(1):3-15.

［63］李强.煤矿井下水灾事故分析及救援对策建议[J].矿业装备,2023(9):108-110.

［64］曾一凡,武强,赵苏启,等.我国煤矿水害事故特征、致因与防治对策[J].煤炭科学技术,2023,51(7):1-14.

［65］靳德武,李超峰,刘英锋,等.黄陇煤田煤层顶板水害特征及其防控技术[J].煤田地质与勘探,2023,51(1):205-213.

［66］APEHC B A. Rock and Ground Surface Movements[M]. Beijing:Coal Industry Press,1989.

［67］HE M C,ZHU G L,GUO Z B. Longwall mining "cutting cantilever beam theory" and 110 mining method in China:The third mining science innovation [J]. Journal of Rock Mechanics and Geotechnical Engineering,2015,7(5):483-492.

［68］ZHU S T,FENG Y,JIANG F X. Determination of abutment pressure in coal mines with extremely thick alluvium stratum:A typical kind of rockburst mines in China [J]. Rock Mechanics and Rock Engineering, 2016, 49 (5): 1943-1952.

［69］杨了.贵广高铁油竹山隧道高风险岩溶施工安全技术应用研究[J].科技与创新,2020(5):151-153.

［70］樊浩博,周定坤,刘勇,等.富水管道型岩溶隧道衬砌结构力学响应特征研究[J].岩土力学,2022,43(7):1884-1898.

［71］穆金霞.七元煤矿水文地质条件分析及涌水量估算[J].煤炭与化工,

2021,44(12):64-68.

[72] 魏廷双,许光泉,高宇航,等.潘二矿奥陶系岩溶地下水数值模拟及疏放性分析[J].地下水,2023,45(2):13-16.

[73] 梁永平,申豪勇,高旭波.中国北方岩溶地下水的研究进展[J].地质科技通报,2022,41(5):199-219.

[74] 米健,沐红元,李建国,等.基于解析法的岩溶隧洞地下水环境影响分析[J].水利技术监督,2020,28(5):280-284.

[75] 敖前勇,常亚婷.基于示踪试验的地下岩溶管道发育特征分析[J].中国资源综合利用,2023,41(4):30-32.

[76] 赵小二,王正一,武桂芝,等.弯曲岩溶管道溶质运移的尺度效应研究[J].水文地质工程地质,2023,50(2):44-53.

[77] 孟杰,林志斌,林培忠.应力-渗流-损伤耦合作用下管道型岩溶隧道突水灾变规律研究[J].中国岩溶,2023,42(2):351-360.

[78] 张京亮,夏志杰,刘新荣,等.隐伏溶洞影响下隧道开挖稳定性数值模拟分析[J].科学技术与工程,2022,22(13):5455-5462.

[79] 李博,刘子捷.煤层底板富水承压溶洞突水力学模型构建及突水判据研究[J].煤炭科学技术,2022,50(5):232-237.

[80] 焦阳,白海波.煤层底板含隐伏溶洞滞后突水机理[J].煤炭学报,2013,38(S2):377-382.

[81] GUO Y H, YANG Y, KONG Z J, et al. Development of similar materials for liquid-solid coupling and its application in water outburst and mud outburst model test of deep tunnel[J]. Geofluids,2022(2022):1-12.

[82] ZHENG K D, XUAN D Y, LI J. Study on fluid-solid characteristics of grouting filling similar-simulation materials[J]. Minerals,2022,12(5):502.

[83] LI B P, CHENG Y H, LI F H. Development and constitutive model of fluid-

solid coupling similar materials[J]. Sustainability,2023,15(4):3379.

[84] BAI J W,WANG M,ZHANG Q S,et al. Development and application of a new similar material for fluid-solid coupling model test[J]. Arabian Journal of Geosciences,2020,13(18):913.

[85] 杨科,刘文杰,焦彪,等.深部厚硬顶板综放开采覆岩运移三维物理模拟试验研究[J].岩土工程学报,2021,43(1):85-93.

[86] 刘国建,杨富强,高学丰,等.浅埋薄基岩采场覆岩破断特征及其导水裂隙带发育规律研究[J].煤炭工程,2023,55(8):108-113.

[87] SHI Y B,YE Y C,HU N Y,et al. Experiments on material proportions for similar materials with high similarity ratio and low strength in multilayer shale deposits[J]. Applied Sciences,2021,11(20):9620.

[88] 孙文斌,张士川,李杨杨,等.固流耦合相似模拟材料研制及深部突水模拟试验[J].岩石力学与工程学报,2015,34(S1):2665-2670.

[89] JAFARI A,VAHAB M,BROUMAND P,et al. An extended finite element method implementation in COMSOL multiphysics:Thermo-hydro-mechanical modeling of fluid flow in discontinuous porous media[J]. Computers and Geotechnics,2023(159):105458.

[90] FARULLA G A,BRANCATO V,PALOMBA V,et al. Experiments and modeling of solid-solid phase change material-loaded plaster to enhance building energy efficiency[J]. Energies,2023,16(5):2384.

[91] JAFARI A,BROUMAND P,VAHAB M,et al. An extended finite element method implementation in COMSOL multiphysics:Solid mechanics[J]. Finite Elements in Analysis and Design,2022(202):103707.

[92] 高延法.岩移"四带"模型与动态位移反分析[J].煤炭学报,1996,21(1):51-56.

［93］LI H,WANG F G,WANG Y H,et al. Phase-field modeling of coupled reactive transport and pore structure evolution due to mineral dissolution in porous media［J］. Journal of Hydrology,2023(619):129363.

［94］《工程地质手册》编委会. 工程地质手册［S］. 5 版. 北京:中国建筑工业出版社,2018.

［95］杨达明,郭文兵,赵高博,等. 厚松散层软弱覆岩下综放开采导水裂隙带发育高度［J］. 煤炭学报,2019,44(11):3308-3316.

［96］侯恩科,席慧琴,文强,等. 基于 GMS 的隐伏火烧区下煤层开采工作面涌水量预测［J］. 安全与环境学报,2022,22(5):2482-2492.

［97］李孝朋,谢道雷,徐万鹏,等. 多元回归分析在矿井涌水量预测中的应用［J］. 煤炭技术,2016,35(10):189-190.

［98］李路,乔伟,甘圣丰,等. 导水裂隙带动态发育规律及覆岩含水层涌水量预计［J］. 煤炭科学技术,2020,48(S1):144-149.

［99］WANG S C,LYU T L,LUO N Q,et al. Deformation prediction of rock cut slope based on long short-term memory neural network［J］. International Journal of Machine Learning and Cybernetics,2024,15(3):795-805.

［100］许延春,李俊成,刘世奇,等. 综放开采覆岩"两带"高度的计算公式及适用性分析［J］. 煤矿开采,2011,16(2):4-7,11.

［101］国家安全监管总局,国家煤矿安监局. 建筑物、水体、铁路及主要井巷煤柱留设与压煤开采规范［S］. 国家安全监管总局,2017.

［102］史文豹,常聚才,李彦,等. 综放开采坚硬顶板弱化物理模拟研究［J］. 安徽理工大学学报(自然科学版),2020,40(6):14-19.

［103］LI B,WU H,LIU P,et al. Construction and application of mine water inflow prediction model based on multi-factor weighted regression:Wulunshan Coal Mine case［J］. Earth Science Informatics,2023,16(2):1879-1890.

[104] 邢爱国,胡厚田.灰色系统理论在矿井涌水量预测研究中的应用[J].中国矿业,1999,8(6):75-77.

[105] 施龙青,赵云平,王颖,等.基于灰色理论的矿井涌水量预测[J].煤炭技术,2016,35(9):115-118.

[106] XU J, JING G X, XU Y Y. Prediction of the maximum water inflow in Pingdingshan No. 8 mine based on grey system theory [J]. Journal of Coal Science and Engineering (china),2012(1):55-59.

[107] 李小勇,林坚,邱凤,等.水文地质比拟法在矿坑涌水量预测中的应用[J].资源环境与工程,2014,28(1):66-68.

[108] 昝雅玲,吴慧琦.用水文地质比拟法预算矿井涌水量[J].华北国土资源,2011(1):52-54.